大学入試

坂田薫の

スタンダード

化学講師 坂田薫［著］

化学

改訂
新版

有機化学 編

技術評論社

これから本書を読む前に
〜 有機化学の勉強法 〜

みなさん、こんにちは。坂田薫です。

私は学生のとき、化学が嫌いでした。正確には「有機化学に出会うまでは」化学が嫌いでした。

有機化学に出会って、化学大好きになったのです。

きっかけは異性体が書けるようになったことでした。

異性体が書けるようになってからは、有機化合物が愛おしくなりました。

そして、構造決定にはまっていきました。気づくと、化学を愛していました。

本書を手にとってくださったみなさんにも、同じように有機化学を愛してもらえるよう、私の中にある有機化学への愛を込めて書きました。

限りある時間の中で、第一志望合格に向け、有機化学の実力をつけるにはどうすればいいのか、最初に確認してから各単元に入っていきましょう。

①有機化学の最終目標を知る。

そうすれば、やるべきことが明確になる。

有機化合物は非常に数が多いのが特徴です。

そして、身の回りにある大切な有機化合物の1つが医薬品です。

「この薬は、どうしてこの症状によく効くのか」を考えるとき、「この有機化合物がこんな構造をしているから」と説明できるものがたくさんあります。

よって「与えられた情報から、有機化合物が何者で、どんな構造をしているのか」を決定できるかどうかが入試で問われるのです。

有機化合物の構造決定に必要なことを確認しているのが、本書では第1章です。

何となく有機化学を学んできた人は、ぜひ第1章を読んでみてください。

②分子の構造を理解する。

そうすれば、異性体を書くことができるようになる。

有機化合物は非金属元素（C・H・O・N）からできているため、分子です。

分子の構造は化学基礎で学びますが、本書でも有機化合物に注目して扱っています。

無機化合物でも分子の構造は必要なため、これを機会に分子の構造と向き合いましょう。

ちなみに、私が異性体を書くことができるようになったのは、分子の構造を理解したからです。

これで、人生変わりました。

本書では第1章になります。

③不飽和度を理解して使いこなす。

そうすれば、問題の入り口で、ある程度構造が予想できる。

何もわからないまま問題文を読む人と、ある程度構造を予想して問題文を読む人では、問題を解くスピードや正確さが変わってくるのは想像できると思います。

不飽和度を使いこなすことができるようになってから、有機化学にはまっていく生徒さんを、たくさん見ています。

騙されたと思って、不飽和度と向き合ってください。

予想した通りの構造が解答になるため、楽しくてたまらなくなります。

「化合物Aはお前だー!!　予想通りだな!!」という快感を味わいましょう。

本書では第1章・第5章§5になります。

④官能基ごとに反応を暗記する。

そうすれば、構造決定の問題文がどんどん読めるようになる。

正直、反応が頭に入っていないと話になりません。丸暗記でもいいんです。

しかし、少し深く触れてみると、暗記しなくていい反応も出てきます。
そして、理解して覚えることになるため、スムーズに学習が進むのです。
本書では「大学入試で必要な範囲で」反応と向き合ってもらうよう書いています。
「少ししんどいなあ」という部分は流して暗記でもいいですよ。
本書では第4章・第5章になります。

⑤高分子化合物も有機化合物であることを意識する。
そうすれば、有機化学の知識で説明できることがたくさんある。

巨大な有機化合物が高分子化合物です。
「自然界に存在する高分子化合物にはどのようなものがあるのか」「それを参考にして人間が作り出した高分子化合物にはどんなものがあり、どのように作るのか」を楽しみながら確認してみてください。
巨大な有機化合物と向き合うには、普通の有機化合物の知識がある方がいいに決まっていますね。
有機化学の知識が不十分な人は有機化学から頑張りましょう。
有機化学の知識がある程度頭に入っている人は、高分子化合物から読んでいただいてもいいと思います。
本書では第6章・第7章になります。

- **『有機化学初心者。一からマスターしたい』**
  ➡ 第1章から順にやりましょう。
- **『異性体がまだ不安』**
  ➡ 第3章からやりましょう。そのあと、反応があやふやなテーマを読んでいきましょう。
- **『反応が頭に入っていない』**
  ➡ 第4章からやりましょう。「アルコールがあやふや」というように頭に入っていないテーマが明確なら、そのテーマだけで構いません。

- **『構造決定のスピードを上げたい』**
  - ➡ 第5章§5を読んでみてください。そして、それを意識しながら構造決定の問題を、手を動かして解きましょう。
- **『高分子化合物が苦手』**
  - ➡ 第6章からやりましょう。

みなさんと私と共に有機化学を楽しんでいくのが、チワワの「きよし」と「ゆうこ」です。

「きよし」と「ゆうこ」のやりとりから見えてくるものがありますよ。どうぞ可愛がってやってくださいね。

チワワのきよしです。僕は薫さんの影響で、化学が得意です。よろしく。

チワワのゆうこです。私は化学が苦手なので、頑張ります。みなさん、よろしくね。

まずは、有機化合物を愛することから始めましょう。

そして、有機化学を楽しみましょう。最初は苦しいと思います。

でも、いつかの私のように、異性体が書けるようになるあたりから、有機化学に愛着が湧いているはずです。

必ず道は開けます。ポジティブなイメージをもって学習してください。

みなさんが有機化学を克服し、夢を叶えることができるよう、本書を通じて祈り応援しています。

『坂田薫のスタンダード化学 −有機化学編』
目 次

第 1 章 有機化学の学習に必要なこと

炭素 C 原子が主役の分子が有機化合物です。
有機化合物は数が多く、分子式を見ただけでは特定できません。
与えられた情報から、有機化合物が何者であるかを特定（構造決定）するのが最終目標です。
「そのために何ができなくてはいけないのか」を確認して、効率よく有機化学の学習に入っていきましょう。

第1章の目標

➡ 有機化合物の構造決定のために必要なことを確認しよう。
➡ 有機化合物（分子）の構造を理解しよう。
➡ 不飽和度の計算ができるようになろう。

§1 有機化合物の構造決定

有機化学の最終目標は構造決定です。

構造決定には、4つのスキルが必要になります。

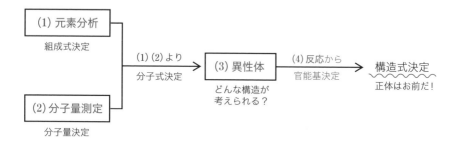

（1）元素分析 — 組成式決定

（2）分子量測定 — 分子量決定

（1）（2）より 分子式決定

（3）異性体 どんな構造が考えられる？

（4）反応から 官能基決定

構造式決定 正体はお前だ！

（1）元素分析の実験結果から組成式を決定できる。

（2）分子量測定実験の結果から分子量を決定できる。

⇒ ここまでで分子式が決定。

ここで不飽和度から有機化合物をある程度予想できたら無敵。

008 第1章 有機化学の学習に必要なこと

(3) 分子式に当てはまる異性体を書くことができる。

(4) 有機反応や立体異性体の情報から、化合物がもつ原子団（官能基）やその位置を決定できる。

例 【以下の流れは、本書を通して全てできるようになります。】

    (1) 元素分析実験のデータから組成式がCH_2Oと決定。

    (2) 分子量測定実験のデータから分子量が60と決定。

       ⇒ 分子式は$(CH_2O)_n$と書けるため、

          分子量は$(12+1\times2+16)n=30n=60$

          よって$n=2$となり、分子式は$C_2H_4O_2$と決定。

          （不飽和度1で酸素O原子2つなのでカルボン酸かエステルの可能性大と予想）

    (3) 分子式$C_2H_4O_2$の異性体を書く。

       ⇒ 答えはこの中にある。

          （カルボン酸かエステルと予想できたら、以下の2つ）

    (4) 「炭酸水素ナトリウム$NaHCO_3$水溶液と反応した」とあれば、カルボン酸であることが決定。

       ⇒ **(3)**の異性体のうち、カルボン酸（酢酸）が解答になる。

$CH_3 - C - OH$
       $\parallel$
       O

ここが$NaHCO_3$ aqと反応する官能基

カルボン酸（酢酸）で決定！

なんとなく流れはわかったけど、(2)で予想するところが全くわからないわ。

今は予想なんてできなくていいんだよ。これから不飽和度や予想の仕方を学んでいくからね。ゆっくり1つずつマスターしていこうね。

（2）の分子量測定実験は、凝固点降下や浸透圧など、理論化学で学んでいる分野になるため、有機化学としては（1）・（3）・（4）の3つがマスターすべき課題になります。

分子量測定実験にどんなものがあるかは第2章で確認するから、忘れているものは理論化学に戻って復習しておこうね。

☞ ポイント

有機化合物の構造決定に必要なこと

（1）元素分析から組成式を導くことができる（➡第2章）

（2）分子量測定から分子量を導くことができる

　　（➡第2章＋理論化学）

（3）異性体を書くことができる（➡第3章）

（4）反応や立体異性体の情報から、官能基とその場所を特定できる（➡第4・5章）

---

§2 有機化合物の立体構造

　有機化学では、見やすさを重視して、その立体構造を平面表記（構造式）で表します。

　よって、本当の立体構造を理解した上で構造式を扱う必要があります。

この2つ、同じ分子だと思う？　違う分子だと思う？

同じ？　違う？

$$Cl - \underset{\underset{H}{|}}{\overset{\overset{H}{|}}{C}} - Cl \qquad H - \underset{\underset{Cl}{|}}{\overset{\overset{H}{|}}{C}} - Cl$$

違うに決まってるわ。−Clがついてる場所が違うもの。

そうかな？　実は、同じものなんだ。立体構造を確認してみようね。

　有機化合物は非金属元素（C・H・O・Nなど）の化合物であるため「分子」です。

　そして、分子の構造は中心原子の周りにある電子対の数で判断できます。このことは化学基礎や理論化学で学びますが、ここでは有機化合物に限定して確認していきましょう。

　有機化合物の主役はC原子で、原子価（結合の手）は4です。最大で4つの原子や原子団と結合できます。

『坂田薫のスタンダード化学－理論化学編（以下、理論化学編と略）』では無機化合物を中心に、分子の構造を扱っているよ。よかったら読んでみてね。83ページ！　ゆうこと僕もいるよ。

　電子対は負の電荷をもっているため、互いに反発し、限界まで**離れよう**とします。

　そのことから、中心原子の周りにある電子対の数で判断できるのです。

　このとき、**二重結合や三重結合もそれぞれ一対と数えましょう。**

（1）電子対が4対　⇒　正四面体

　1つの原子を中心に、4対の電子対が最も離れるのは、正四面体の頂点方向（109.5°）です。

できるだけ離れたい!!

本当は

通常の表記　　　　　　　　　　　正四面体

メタン CH₄

本当は

通常の表記

エタン C₂H₆

本当は

通常の表記

シクロヘキサン C_6H_{12}

通常の表記　　　　　　　　　　　　本当は

だから、さっき確認した2つは同じ分子だったのね！

その通り。正四面体の構造だからね。

$Cl - C - Cl$ （H上・H下）　本当は　　C（ClとClとHとH）　同じ!!

$H - C - Cl$ （H上・Cl下）　本当は　　回転　C　　同じ C

(2) 電子対が3対　⇒　正三角形

　1つの原子を中心に、3対の電子対が最も離れるのは、正三角形の頂点方向（120°）です。このとき二重結合は、二重結合で一対と考えます。

$- C -$ （二重結合）　本当は　　C

通常の表記　　　　　　　　　　　　正三角形

ホルムアルデヒド HCHO

$$H-\underset{\underset{O}{\parallel}}{C}-H \qquad \xrightarrow{\text{本当は}}$$

通常の表記

エチレン C_2H_4

$$H-\underset{\underset{H}{|}}{C}=\underset{\underset{H}{|}}{C}-H \qquad \xrightarrow{\text{本当は}}$$

通常の表記

　このように、**炭素間二重結合 C=C に直結している原子までは同一平面上に並びます。**

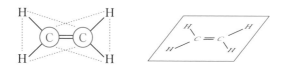

ベンゼン C_6H_6

　ベンゼン C_6H_6 は、すべての原子が炭素間二重結合 C=C に直結していると考えることができるため、同一平面上に並んでいます。

　ベンゼン環に直結する原子までは同一平面上に並びます。

ベンゼン環は、本当は単結合C−Cと二重結合C=Cの繰り返しには
なってないんだ。本当の姿は、1.5結合C⁚Cが6本の状態なんだ。
第5章の§1（➡ p.119）で確認するよ。

1.5結合なんて……。不思議な感じね。早くベンゼンの本当の
姿を知りたくなったわ。
とりあえずベンゼン環に直結する原子まで同一平面上なのね。

（3）電子対が2対　⇒　直線

1つの原子を中心に、2対の電子対が最も離れるのは、直線の頂点方向（180°）
です。

$$= C = \quad \xrightarrow{\text{本当は}} \quad =\!\!\bigcirc\!\!=$$

$$- C \equiv \quad \qquad \qquad -\!\!\bigcirc\!\!\equiv$$

通常の表記　　　　　　　　　　　　　　　直線

アセチレンC₂H₂

$$H - C \equiv C - H \quad \xrightarrow{\text{本当は}} \quad H-\bigcirc\!\!=\!\!\bigcirc-H$$

通常の表記

ここまでに炭素間結合は4種類（単結合C−C、ベンゼンの1.5結合C⁚C、二
重結合C=C、三重結合C≡C）登場しました。

これらの長さは、次のような大小関係になります。

$$\underset{\text{単結合}}{C-C} \quad > \quad \underset{\text{ベンゼンの1.5結合}}{C\!\cdot\!\cdot C} \quad > \quad \underset{\text{二重結合}}{C=C} \quad > \quad \underset{\text{三重結合}}{C\equiv C}$$

ポイント

有機化合物の立体構造：炭素C原子の周りの電子対数で判断

(1) 4対　⇒　正四面体

(2) 3対　⇒　正三角形

　　C＝C、ベンゼン環に直結する原子までは同一平面上

(3) 2対　⇒　直線

(4) 炭素間結合の長さ

　　$C-C$　＞　$C\rlap{=}{-}C$　＞　$C=C$　＞　$C\equiv C$

§3　不飽和度 Du

　有機化合物がもっている二重結合($C=C$・$C=O$)や環状構造の数を表すのが**不飽和度 Du**(Degree of unsaturation)です。

　異性体を書くときだけでなく、有機化合物の構造を予想する(➡第5章§5、p.166)ときに使う大切な数値です。

　ここでは、不飽和度 Du の求め方を中心にマスターしましょう。

(1) 求め方

　炭素C原子がn個並んでいる炭素C骨格に、水素H原子が最大何個結合できるかを考えていきましょう。

H は最大何個くっつく？

$$C - C - C - \cdots\cdots - C$$

n個

　炭素C原子の原子価(結合の手の数)は4なので、各C原子の上下に2個ずつ(合計$2n$個)のH原子が結合できますね。

```
  H   H   H                  H  ←
  |   |   |                  |
— C — C — C — ………… — C      計2n個
  |   |   |                  |
  H   H   H                  H  ←
```

そして、両末端のC原子には手が1本ずつ残っているので、両末端合わせて2個のH原子が追加で結合できます。

```
      H   H   H              H
      |   |   |              |
  H — C — C — C — ………… — C — H    末端に計2個
      |   |   |              |
      H   H   H              H
```

以上より、<u>C原子n個でできているC骨格には、最大で$2n+2$個のH原子が結合できます。</u>

<u>分子式で表すとC_nH_{2n+2}です。</u>

これが結合できるH原子の「限界」です。「限界」という意味で、この状態を「**飽和**」といいます。

そして、<u>二重結合も環状構造ももたないため、不飽和度Du＝0です。</u>

では、ここからH原子を2つ取り除いてみましょう。

まずは、隣り合わせのC原子に結合しているH原子を取り除きます。

```
  H   H   H        H                      H   H   H        H
  |   |   |        |                      |   |   |        |
H—C—C—C—……—C—H     ⟶      H—C—C=C—……—C—H
  |   |   |        |                      |             |
  H   H   H        H                      H             H
```

H原子を失ったC原子は手が1本余るため、お互いにその手をつなぎます。これにより、**二重結合**の出来上がりです。

では、隣り合わせではないC原子からH原子を取り除きましょう。

両末端のC原子同士から取り除いてみます。

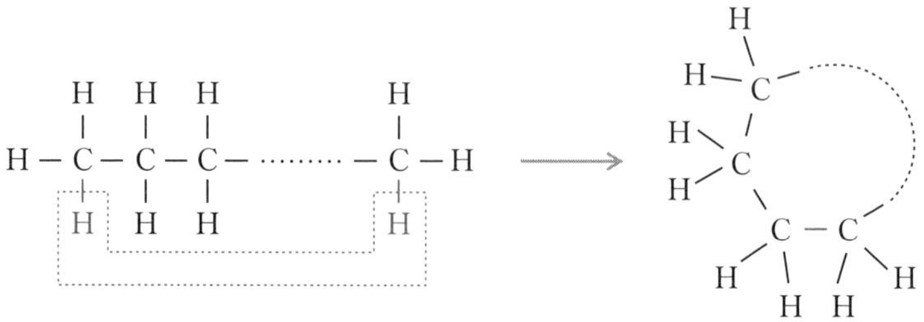

　H原子を失ったC原子は手が1本余るため、お互いにその手をつなぎます。これにより、**環状構造**の出来上がりです。

　これらはいずれも、分子式C_nH_{2n+2}からH原子2つを取り除いたため、分子式はC_nH_{2n}となります。

　また、それぞれC＝Cか環状構造を1つもつため、不飽和度Du＝1となります。

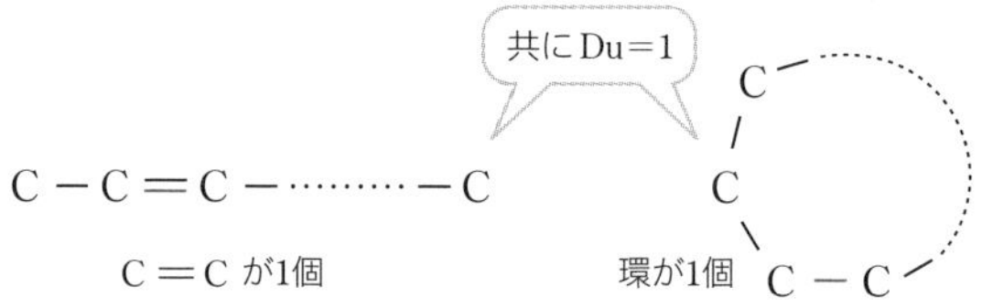

C＝C が1個　　　　　　　　　　環が1個

共にDu＝1

ここで注意が必要です‼

　二重結合をもつものは、まだH原子が結合する余裕がありますね。2本目の結合を切ると、H原子が結合できます。限界ではないため、この状態を**不飽和**といいます。

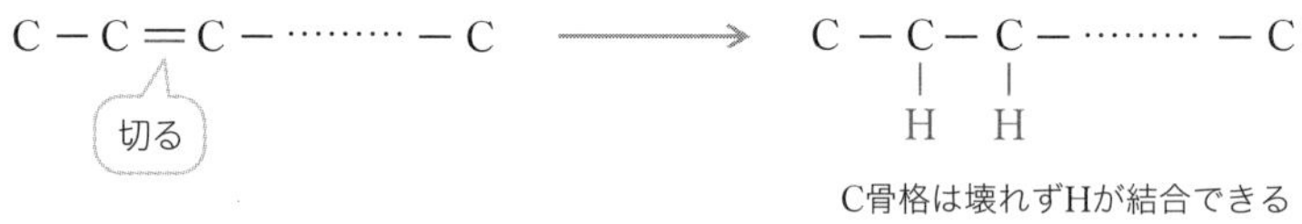

C骨格は壊れずHが結合できる

　それに対し、環状構造のものはH原子が結合する余裕はありません。限界、すなわち飽和です。

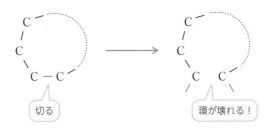

注意が必要なのは、<u>同じ不飽和度Du＝1でも飽和と不飽和があること</u>です。

あくまでも、<u>不飽和度Duはその化合物がもつ二重結合や環状構造の数を表</u><u>しているのであって、飽和か不飽和かを表しているのではありません。</u>

ちょっと混乱したわ。Du＝1で不飽和の物質、Du＝1で飽和の物質があるのね？

そうだよ。Duは二重結合や環状構造の数。飽和・不飽和はH原子が結合する余裕がないか、あるか。

では、不飽和度Duの求め方を確認していきましょう。

分子式 C_nH_m の不飽和度 Du

C_nH_{2n+2}

$\boxed{Du=0}$

$-2H$

C_nH_{2n}

$\boxed{Du=1}$

H原子が2つ減少すると、Duが1増えていますね。

これより、不飽和度Duは

$$Du = \dfrac{Du = 0 \ \text{すなわち} C_nH_{2n+2} \text{のときと比較して、減少しているH原子数}}{2}$$

と表せます。

よって、**分子式C_nH_mの不飽和度Du**は

$$\boxed{Du = \dfrac{2n+2-m}{2}}$$

となります。

飽和のときHは$2n+2$個。実際はm個。減少した数は$2n+2-m$個だね。

分子式$C_nH_mO_\ell$の不飽和度Du

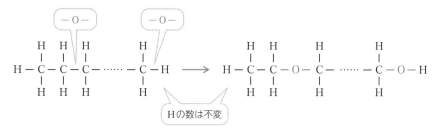

Hの数は不変

酸素O原子は原子価2なので、C−C間やC−H間に入ってきても、H原子数に変化はありません。

よって、C_nH_mと同じ計算式で表すことができます。

分子式$C_nH_mO_\ell$の不飽和度Duは

$$\boxed{Du = \dfrac{2n+2-m}{2}}$$

となります。

ポイント

不飽和度 Du：その化合物がもっている二重結合（C=C・C=O）・
環状構造の数
（飽和か不飽和かを表しているわけではない）

C_nH_m・$C_nH_mO_\ell$ の不飽和度 Du

$$Du = \frac{2n+2-m}{2}$$

手を動かして練習してみよう!!

次の分子式の不飽和度を求めてみましょう。

(1) C_7H_8O　　　(2) $C_8H_{14}O_2$

解：(1) $Du = \dfrac{2 \times 7 + 2 - 8}{2} = \underline{4}$　　(2) $Du = \dfrac{2 \times 8 + 2 - 14}{2} = \underline{2}$

窒素 N 原子が含まれている場合の不飽和度はどうなるの？

お、やる気になっているね。考えてみようね。
分子の末端が C 原子のときは$-CH_3$、N 原子の場合は$-NH_2$だね。

N 原子の原子価が 3 だからね？

その通り。だから 1 つの N 原子を C 原子に変える
と H 原子が 1 つ増えることがわかるね。

N原子を含む場合には、分子式のN原子をC原子に変えてカウントするんだ。

分子式 $C_nH_mNO_\ell$ とすると、N原子1個をC原子に変えるから、C原子は全部で $(n+1)$ 個だよ。

そして、N原子をC原子に変えると、N原子1個につきH原子が1個増えるから、H原子は全部で $(m+1)$ 個になるね。

H も 1 個増える → H

$$C - C - C - \cdots\cdots - C - N - H \quad \xrightarrow[\text{カウント}]{\text{NをCに変えて}} \quad C - C - C - \cdots\cdots - C - C - H$$

n個

$n+1$個

そうすると結局、分子式が $C_{n+1}H_{m+1}O_\ell$ となるから、$C_nH_mO_\ell$ 型と同じように Du を求めることができるよ。

$$C_nH_mNO_\ell \quad \Rightarrow \quad C_{n+1}H_{m+1}O_\ell \quad \text{と考える}$$

なるほど！　もうできるわ。分子式 $C_nH_mNO_\ell$ の不飽和度 Du は

$$Du = \frac{2(n+1)+2-(m+1)}{2} \quad \text{であってる？}$$

正解だよ。よく頑張ったね。

じゃあ、手を動かして練習してみようね。分子式 $C_6H_3N_3O_7$ の不飽和度は？

できるわ。

$C_6H_3N_3O_7 \Rightarrow C_{6+3}H_{3+3}O_7$ すなわち $C_9H_6O_7$ と考えればいいから、

$Du = \dfrac{2 \times 9 + 2 - 6}{2} = 7$ ね？

その通り。ゆうこちゃん、有機化学きっと得意になるよ。

(2) 不飽和度 Du からわかること

不飽和度 Du は「化合物がもっている二重結合や環状構造の数」を表しているため、次のようなことがわかります。

Du＝1につき　C＝C・C＝O・環状構造　のいずれかを1つもつ

そして、炭素間三重結合 C≡C やベンゼン環 ⬡ は次のように考えます。

三重結合 C≡C は Du＝2　（余分な手を2本もっている）

ベンゼン環 ⬡ は Du＝4　（二重結合×3＋環×1）

ベンゼンは分子式が C_6H_6 だから、計算式から求めても $Du = \dfrac{2 \times 6 + 2 - 6}{2} = 4$ だね。

ポイント

不飽和度 Du＝1につき、

　　C＝C・C＝O・環状構造　のいずれかを1つもつ

　　C≡C　⇒　Du＝2

　　⬡　⇒　Du＝4

第2章 **元素分析**

それでは、構造決定に必要な1つ目のスキルを身につけましょう。
それは、正体不明の有機化合物の分子式を決定することです。
そのために、2つの実験をおこないます。
それが、元素分析と分子量測定です。
どのような実験なのか、しっかり確認していきましょう。

第2章の **目標**

➡ 元素分析と分子量測定の目的を明確にしよう。

➡ 元素分析の実験装置と計算をマスターしよう。

➡ 分子量測定にはどのようなものがあるか確認しよう。

§1 元素分析

有機化合物の組成式を決定する実験が**元素分析**です。

組成式とは、化合物を構成する元素の粒子数を最も簡単な整数比で表したものです。

$$CH_2 \xrightarrow{\times 2} C_2H_4$$

組成式　　　　　　　　分子式

C：H＝1：2　　　　実際に存在する分子

構成元素の粒子数比を知るためには、構成元素をバラバラに取り出す必要があります。それを可能にする簡単な方法は、酸化することです。

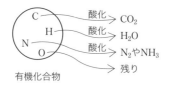

有機化合物
酸化 → CO_2
酸化 → H_2O
酸化 → N_2やNH_3
→ 残り

(1) 実験装置

有機化合物の多くは、<u>炭素C・水素H・酸素O原子から構成されるため、燃焼反応を利用</u>します。

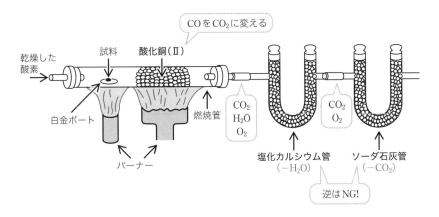

C原子　⇒　二酸化炭素CO_2〔酸性〕に変化

　　　　⇒　ソーダ石灰（$CaO+NaOH$）〔塩基性〕に吸収させる

H原子　⇒　水H_2Oに変化

　　　　⇒　塩化カルシウム$CaCl_2$（乾燥剤）に吸収させる

酸化銅（Ⅱ）CuOとともに燃焼させる理由

C原子を含む化合物は、必ず不完全燃焼を起こし、一酸化炭素COを生じます。

COは中性なので、塩基性のソーダ石灰に吸収されることなく、余った酸素O_2とともに排出されます。構成元素のC原子を逃してしまうのです。

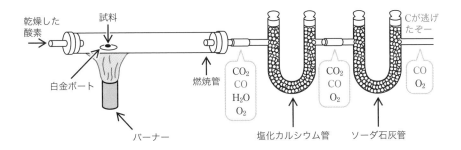

よって、不完全燃焼により生じる中性のCOを酸化し、酸性のCO_2に変化させてソーダ石灰に吸収させるために CuO とともに燃焼させます。

$$CO + CuO \longrightarrow Cu + CO_2$$

どうしてCuOは粒状のものを使うの？

燃焼管の左から酸素O_2を送り込んで、右からCO_2やH_2Oが出ていくよね。だから気流が確保できなきゃいけないんだ。そのために、粒状や金網状のCuOを使うんだよ。

通りにくい!!

気体 $\longrightarrow$ CuO $\longrightarrow$ ✗

それに、COと接触する表面積が大きくなる利点もあるね。

塩化カルシウム管とソーダ石灰管を逆にしてはいけない理由

元素分析の目的は「構成元素をバラバラに取り出すこと」でしたね。

ソーダ石灰（CaO＋NaOH）〔塩基性〕は乾燥剤でもあるため、ソーダ石灰を前にすると、CO_2だけでなくH_2Oも吸収されてしまうのです。

それにより、C原子とH原子をバラバラに取り出すことができなくなるんです。

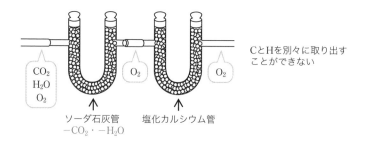

CとHを別々に取り出すことができない

CO₂
H₂O
O₂

O₂

O₂

ソーダ石灰管
－CO₂・－H₂O

塩化カルシウム管

N原子が含まれている場合はどんな実験になるの？

入試でよく出題されるN化合物はタンパク質なんだけど、ケルダール法っていう実験をするんだ。
第6章§3③(3)（➡p.264）で確認するから楽しみにしててね。

///////////////////////////

📖 ポイント

元素分析の実験装置の注意点

試料をCuOとともに燃焼させる

⇒ 不完全燃焼により生じるCO（中性）を酸化しCO_2（酸性）に変え、ソーダ石灰管で吸収させるため。

$CaCl_2$管とソーダ石灰管の順番を逆にしてはダメ

⇒ ソーダ石灰はCO_2だけでなくH_2Oも吸収するので、C原子とH原子を別々に取り出すことができないから。

(2) 計算

構造決定の問題では、元素分析の実験結果を与えてくるため、それを使って組成式を求めます。

ここでは分子式が$C_xH_yO_z$の元素分析計算を見ていきます。N原子が含まれていても、基本的に同じです。

データが二酸化炭素と水の質量の場合

これが最もよく出題される形です。

具体例を見ながら確認していきましょう。

『有機化合物A 51.0mgを完全燃焼させたところ、二酸化炭素が132mg、水が27.0mg得られた』

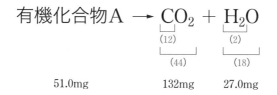

$$有機化合物A \rightarrow \underset{\underset{(44)}{\underbrace{}}}{\underset{(12)}{\underbrace{}}\text{CO}_2} + \underset{\underset{(18)}{\underbrace{}}}{\underset{(2)}{\underbrace{}}\text{H}_2\text{O}}$$

51.0mg　　　　132mg　　27.0mg

このデータから炭素C・水素H・酸素O原子のみの質量を導きます。

C原子　⇒　二酸化炭素CO₂の質量× $\dfrac{12}{44}$　← CO_2の分子量44のうち C の原子量12

$$132 \times \frac{12}{44} = \underline{36\text{mg}}$$

H原子　⇒　水H₂Oの質量× $\dfrac{2}{18}$　← H_2Oの分子量18のうち H の原子量$1 \times 2 = 2$

$$27.0 \times \frac{2}{18} = \underline{3\text{mg}}$$

O原子　⇒　化合物Aの質量 −C原子の質量 −H原子の質量

$$51.0 - 36 - 3 = \underline{12\text{mg}}$$

これで、構成元素それぞれの質量が判明しました。

ところで、みなさんがいつも見ている化学式は、元素の質量比ではなく、粒子数比すなわち物質量比です。

NH₃

N原子数：H原子数＝N原子のmol：H原子のmol＝1：3

（N原子の質量：H原子の質量＝1：3　ではない!!）

よって、前で求めた各元素の質量をmolに変えて比にしましょう。

原子量はCが12、Hが1、Oが16なので、各元素のmol比は次のように表すことができます。

$$C : H : O = \frac{36}{12} : \frac{3}{1} : \frac{12}{16} = 1 : 1 : \frac{1}{4} = \underline{4 : 4 : 1}$$

よって、化合物Aの組成式は$\underline{C_4H_4O}$（式量68）と決まります。

これを何倍かしたものが分子式だよ。分子式$(C_4H_4O)_n$、分子量$68n$と表せるね。
例えば、分子量が136だとわかっているとしよう。
$68n=136$から$n=2$と決まるから、分子式は$C_8H_8O_2$だ！

///////////////////////////

📖 ポイント

データが質量の元素分析計算

$$有機化合物 \longrightarrow CO_2 + H_2O$$
$$W\ g \qquad\qquad W_{CO_2}\ g \quad W_{H_2O}\ g$$

C原子の質量：$W_{CO_2} \times \dfrac{12}{44} = W_C\ g$

H原子の質量：$W_{H_2O} \times \dfrac{2}{18} = W_H\ g$

O原子の質量：$W - W_C - W_H = W_O\ g$

$x : y : z = \dfrac{W_C}{12} : \dfrac{W_H}{1} : \dfrac{W_O}{16}$　（←整数比にする）

美しい整数比にならないとき

　各元素の質量を求めたあと、mol比を導く計算で、美しい整数比にならず戸惑ったことはありませんか。

　そんなときは、次のようにしてみてください。

①質量を求める段階で、2桁に近似しない。最低でも3桁。

　⇒　この段階で近似し過ぎてしまうと、正確な整数比にたどり着けません。計算は4桁までして、答えにたどり着くまではデータは残しておきましょう。

②分数から整数比にするとき、一番小さい数値で全てを割る。

　⇒　おそらく、一番小さい数値になるのは酸素O原子なので、C・H原子の数値をO原子の数値で割ることになります。この段階で整数比になる問題も多いです。

例 C：H：O＝0.655：1.572：0.131 を整数比にする。

⇒ O原子の0.131が一番小さいため、全てを0.131で割る。

$$C：H：O＝\frac{0.655}{0.131}：\frac{1.572}{0.131}：\frac{0.131}{0.131}$$

$$＝\underline{5：12：1}$$

③ ②でも整数比にならない場合、整数になるまで全てを2倍・3倍…する。

⇒ だいたい4倍までで答えにたどり着けます。

2倍・3倍…と順番にしていかなくても、②の結果の数値から、何倍すれば整数になるか気付けるはずです。

例
$$C：H：O＝6.25：6.25：1.171$$
$$＝5.33：5.33：1$$
$$＝\underline{16：16：3}$$

1.171 が最小
全てを1.171で割る
全てを3倍する
0.33 は3倍すると約1

データが元素の質量パーセントの場合

次によく出題される形です。

各元素の「質量」パーセントなので、「グラムg」という感覚で扱いましょう。

具体例で確認してみましょう。

『有機化合物の元素分析をおこなったところ、構成元素の質量パーセントが炭素75.00％、水素6.25％、酸素18.75％であった』

C原子75g、H原子6.25g、O原子18.75gと考えます。そうすると、あとは原子量で割って整数比に変えるだけです。

全体で100gって言われてないのに、勝手にC原子が75gとか決めていいの？
全体を x g として、C原子 $\frac{75}{100}x$ g、H原子 $\frac{6.25}{100}x$ g、O原子 $\frac{18.75}{100}x$ g としないといけないんじゃないの？

最終目標を考えてごらん。整数「比」なんだ。比にすると $\frac{1}{100}$ とか、x は消えちゃうよ。

そっか。比にするから消えちゃうのね。二酸化炭素や水の質量で与えられるときより、計算が減るのね。

$$
\begin{aligned}
\mathrm{C} : \mathrm{H} : \mathrm{O} &= \frac{75}{12} : \frac{6.25}{1} : \frac{18.75}{16} \\
&= 6.25 : 6.25 : 1.171 \\
&= 5.33 : 5.33 : 1 \\
&= 16 : 16 : 3 \\
&\Rightarrow \quad \text{組成式は} \mathrm{C}_{16}\mathrm{H}_{16}\mathrm{O}_3
\end{aligned}
$$

計算で疑問に感じたら 美しい整数比にならないとき の ③を見てね。

🖙 ポイント

各元素の質量パーセント濃度でデータを与えられた場合
⇒　質量として扱っていく。

§2 分子量測定

分子量測定実験は理論化学で学ぶものがほとんどです。

代表的なものを確認しておきましょう。

気体の状態方程式 有機化合物の沸点が高くないとき・揮発性のとき

有機化合物を気体に変化させ、その密度を測定することで分子量を導くことができます。

（➡理論化学編p.271）

$$
PV = nRT、\quad n = \frac{w}{M} \quad \text{より} \qquad M = \frac{w}{V} \cdot \frac{RT}{P}
$$

比重 有機化合物が常温付近で気体のとき

　基準となる気体（例：空気、空気の平均分子量を M_A とする）に対する比重から、有機化合物の分子量 M を導くことができます。

　　$M = M_A \times$ **比重**

比重って、なんだったかな……？

比較重量の略で『基準とする物質の何倍の重さか』を表しているよ。
例えば『物質Aに対する物質Bの比重1.2』は『物質Bは物質Aの1.2倍の重さ』という意味だよ。
分子量は分子の重さを表す数値だから、上の式が成立するよ。

中和滴定 有機化合物が酸性・塩基性のとき

　有機化合物が酸（分子量 M・n 価）であるとき、塩基（C mol/L・N 価）を用いた中和滴定により、M を導くことができます。
（➡理論化学編 p.144）

　有機化合物 w g に対し、中和点までに必要な塩基が V mL であったとすると、次のような式が成立する。

　　$$\frac{w}{M} \times n = C \times \frac{V}{1000} \times N$$

凝固点降下 有機化合物が不揮発性で低分子のとき

　有機化合物の溶液の凝固点降下度 Δt_f を測定することにより、分子量を導くことができます。
（➡理論化学編 p.357）

　　$\Delta t_f = K_f \times m$　　（K_f はモル凝固点降下・m は質量モル濃度）

浸透圧 有機化合物が高分子のとき

　有機化合物の溶液の浸透圧 π を測定することにより、分子量を導くことができます。

　（➡理論化学編 p.364）

$$\pi V = nRT、n = \frac{w}{M}　より　M = \frac{w}{V} \cdot \frac{RT}{\pi}$$

////////////////////////

☞ ポイント

　有機化合物の分子量測定

　　⇒　基本的に理論化学で学ぶので、苦手なテーマは確認して
　　　おこう！

第**3**章 異性体

第**3**章

有機化合物の数が多いのは、分子式ごとに多くの構造が存在するためです。

それを異性体といいます。

構造決定において必要なスキルの2つ目は、分子式から「(構造)異性体を書き出せる」ことです。

この章は、手を動かしながら確認していきましょう。

第3章の **目標**

➡ 構造異性体を書き出せるようになろう。

➡ 立体異性体を見つけることができるようになろう。

§1 構造異性体

構造式が異なるもの、すなわち、元素の結合の配列が異なるものが**構造異性体**です。

入試では「書くことができるかどうか」が問われていきます。

よく出題される形では「構造異性体は何種類ありますか?」というものです。

直接問われなくても、構造決定の過程で構造異性体を書くことは必要になるため、手を動かして書く練習をしましょう。

構造異性体を書く流れは

(1) C骨格を書く

(2) 官能基をつける(入れる)

の二段階になります。

それぞれを確認していきましょう。

(1) C骨格の書き方

正確にC骨格の書くときのポイントは次の2点です。

・**長いものから書いていく**

・**書き終わったあと、一番長い骨格（主鎖）がどこかを確認する**

それでは具体例で確認してみましょう。

例 『炭素数5のC骨格（鎖状）』

「**長いものから**」書いていきましょう。

ボックス：主鎖が5 （一番長いもの）

C−C−C−C−C ……① の一種類です。

ボックス：主鎖が4 ⇒ C−C−C−Cに残りのCをつける

主鎖は左右対称なので、左半分と右半分のどちらに残りのCをつけても同じものになります。

$$
\begin{array}{ccc}
& \text{C} & & & & \text{C} \\
& | & & & & | \\
\text{C}-\text{C}-\text{C}-\text{C} & & & \text{C}-\text{C}-\text{C}-\text{C}
\end{array}
$$

ひっくり返したら同じ

このとき、残りのCを主鎖の末端につけてはいけません。
主鎖が5の骨格と同じになるからです。

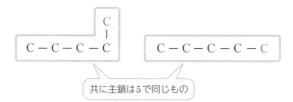

共に主鎖は5で同じもの

どうして末端につけたらいけないの？ 同じ骨格には見えないけど。

有機化学では『立体構造を平面表記（構造式）で表す（➡第1章§2、p.11）』からだよ。

（●はHや官能基）

以上より、主鎖が4のC骨格は

$$C - C - C - C \quad \begin{matrix} C \\ | \end{matrix}$$

……② の一種類です。

主鎖が3 ⇒ **C−C−Cに残りのC2個をつける**

主鎖は左右対称なので、左半分と右半分のどちらに残りのCをつけても同じものになります。

残りのC2個は、C骨格の末端につけてはいけないので、真ん中のCにつけます。

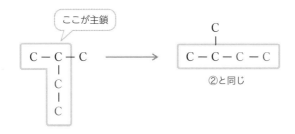

このように書いてみたら「**主鎖がどこか確認**」していきましょう。

左のC骨格の主鎖は4ですね。よって、②と同じものです。

以上より、主鎖が3のC骨格は

$$
\begin{array}{c}
C \\
| \\
C-C-C \\
| \\
C
\end{array}
\quad \cdots\cdots③ \text{ の一種類です。}
$$

| 主鎖が2 | ⇒ C−Cに残りのC3個をつける |

主鎖の2つのCはどちらも末端なので、これに残りのCをつけると①・②・③のどれかと同じになります。よって主鎖が2のC骨格はありません。

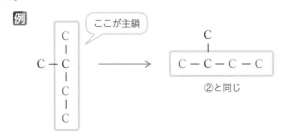

以上より、炭素数5の骨格（鎖状）は①・②・③の3種類になります。

①

$$C-C-C-C-C$$

②

$$
\begin{array}{c}
C \\
| \\
C-C-C-C
\end{array}
$$

③

$$
\begin{array}{c}
C \\
| \\
C-C-C \\
| \\
C
\end{array}
$$

手を動かして練習してみよう!!

次の炭素数のC骨格（鎖状）は何種類？

(1) 炭素数6　　(2) 炭素数7

解：(1) 5種類

① C－C－C－C－C－C

②
```
          C
          |
C－C－C－C－C
```

③
```
      C
      |
C－C－C－C－C
```

④
```
      C
      |
C－C－C－C
      |
      C
```

⑤
```
    C   C
    |   |
C－C－C－C
```

(2) 9種類

① C－C－C－C－C－C－C

②
```
            C
            |
C－C－C－C－C－C
```

③
```
          C
          |
C－C－C－C－C－C
```

④
```
      C   C
      |   |
C－C－C－C－C
```

⑤
```
    C   C
    |   |
C－C－C－C－C
```

⑥
```
          C
          |
C－C－C－C－C
          |
          C
```

⑦
```
      C
      |
C－C－C－C－C
      |
      C
```

⑧
```
C－C－C－C－C
      |
      C
      |
      C
```

⑨
```
    C   C
    |   |
C－C－C－C
    |
    C
```

炭素数7のC骨格、これもありじゃないかしら？
全部で10種類だと思うわ。

⑩?
```
C－C－C
    |
    C
    |
C－C－C
```

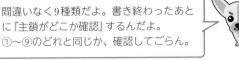

間違いなく9種類だよ。書き終わったあとに『主鎖がどこか確認』するんだよ。①〜⑨のどれと同じか、確認してごらん。

主鎖を確認するのね……。もしかして、「⑤と同じ??」

そうだね。共に主鎖が5で、2番目と4番目にCが1つずつ付いてるね。

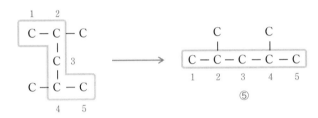

⑤

(2) 官能基のつけ方

有機化合物の特性を表す原子団を**官能基**といいます。

第4章・第5章で、官能基ごとに反応を確認していくので、官能基の種類はそのときに1つずつ頭に入れていきましょうね。

ここでは「異性体を書くことができる」を目標に、「官能基のつけ方」を学んでいきます。

では、次の例で考えていきましょう。

例1 **分子式 C_4H_{10} の構造異性体**

⇒　不飽和度 $Du = \dfrac{2 \times 4 + 2 - 10}{2} = 0$

⇒　二重結合や環状構造をもたない。すなわち飽和で鎖状。

⇒　特別な官能基をもたないため、C骨格だけ考える。

炭素数4のC骨格は次の2種類（直鎖・枝分かれ）です。

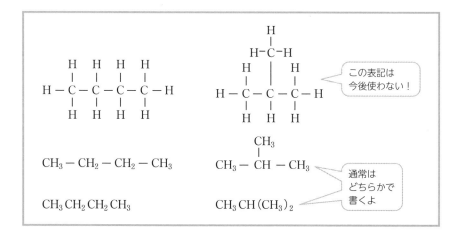

よって、分子式C_4H_{10}の構造異性体は2種類です。

構造異性体を書くとき、H原子の数は考えなくていいの？

H原子の数は不飽和度で考えているから、書くときは考えなくていいよ。
H原子の数から不飽和度を計算して、その結果、特別な官能基をもたないことが判明したんだ。
書いてみると、ちゃんとH原子は10個になっているね。

例2 **分子式C_4H_8の構造異性体**

⇒ 不飽和度 $Du = \dfrac{2 \times 4 + 2 - 8}{2} = 1$

⇒ （1）二重結合C=Cを1つもつ or （2）環状構造を1つもつ

(1) 二重結合 C=C をもつ構造異性体

炭素数4のC骨格は次の2つ（直鎖・枝分かれ）です。

①
$$C - C - C - C$$

②
$$C$$
$$|$$
$$C - C - C$$

①のC-C結合の1つに2本目の結合C=Cをつけていきましょう。

C=Cをつける場所は（ⅰ）（ⅱ）（ⅲ）の3ヶ所が考えられますが、左右対称なので、（ⅰ）と（ⅲ）は同じ化合物です。

$$C = C - C - C \qquad C - C - C = C$$

（ⅰ） （ⅲ）

ひっくり返すと同じ

よって①のC骨格の構造異性体は2種類です。

$$C = C - C - C \qquad C - C = C - C$$

（ⅰ）=（ⅲ） （ⅱ）

では、②のC骨格にC=Cをつけることを考えていきましょう。

C=Cをつける場所は（ⅰ）（ⅱ）（ⅲ）の3ヶ所が考えられますが、どこにつけても回転させると同じ化合物です。

回転させると
全部同じ!!

$$C$$
$$|$$
$$C = C - C$$
（ⅰ）

$$C$$
$$|$$
$$C - C = C$$
（ⅱ）

$$C$$
$$||$$
$$C - C - C$$
（ⅲ）

よって、②のC骨格の構造異性体は1種類です。

回転させても同じに見えないわ……。

じゃあ、この有機化合物の形を考えてごらん。

真ん中のCに注目すると、電子対が3対だから……三角形!!

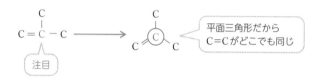

平面三角形だから
C=Cがどこでも同じ

そうだね。だから、どこがC=Cでも同じものだよ。

(2) 環状構造をもつ構造異性体

炭素数4でできる環状構造を考えましょう。

環に使用する炭素数が多いものから順に書いていきます。

（ⅰ）炭素数4の環 ⇒ 四角形

$$
\begin{array}{c}
C-C \\
|\quad| \\
C-C
\end{array}
$$

（ⅱ）炭素数3の環 ⇒ 三角形＋残ったC

残ったCは三角形の
どこに付けても同じ

炭素数2以下では環を作ることができないため、環状構造の構造異性体は2種類です。

まとめると、分子式C_4H_8の構造異性体は5種類です。

$$CH_2 = CH - CH_2 - CH_3 \qquad CH_3 - CH = CH - CH_3$$

$$\begin{array}{c} CH_3 \\ | \\ CH_2 = C - CH_3 \end{array}$$

$$\begin{array}{ccc} & & & C \\ & & & | \\ C - C - C - C & \qquad & C - C - C \\ \uparrow \quad \uparrow & & \uparrow \end{array}$$ 慣れてきたらこのように C骨格に↑をつけて数えて いきましょう

$$\begin{array}{cc} H_2C - CH_2 & CH_2 \\ | \quad\quad | & \diagup \quad \diagdown \\ H_2C - CH_2 & H_2C - CH - CH_3 \end{array}$$

例3 **分子式 $C_4H_{10}O$ の構造異性体**

⇒ 分子式 C_4H_{10} + O 原子

（不飽和度は $Du = \dfrac{2 \times 4 + 2 - 10}{2} = 0$）

⇒ 分子式 C_4H_{10} の異性体（⇒例1）のどこかにO原子を入れる

すなわち、C–C 結合もしくは C–H 結合間に O 原子を入れる

(1) C–O–C　　(2) C–O–H

(1) C–O–C の構造異性体

炭素数4のC骨格は次の2つ（直鎖・枝分かれ）です。

$$\begin{array}{cc} ① & \qquad\qquad ② \quad \begin{array}{c} C \\ | \end{array} \\ C - C - C - C & \qquad\qquad C - C - C \end{array}$$

①のC–C間にO原子を入れていきましょう。

O原子を入れる場所は（ⅰ）（ⅱ）（ⅲ）の3ヶ所が考えら
れますが、左右対称なので（ⅰ）と（ⅲ）は同じ化合物です。

$$\begin{array}{c} ① \\ C - C - C - C \\ \uparrow \quad \uparrow \quad \uparrow \\ (ⅰ) \ (ⅱ) \ (ⅲ) \end{array}$$

$$C - O - C - C - C \qquad\qquad C - C - O - C - C$$
$$(ⅰ) = (ⅲ) \qquad\qquad\qquad (ⅱ)$$

よって①のC骨格については2種類です。

次に②のC-C間にO原子を入れていきましょう。

入れる場所は（ⅰ）（ⅱ）（ⅲ）の3ヶ所が考えられますが、正四面体であるため、どこに入れても回転させると同じ化合物です。よって、②の骨格のものは1種類です。

②

$$C - C - C$$
with a C attached above the middle carbon; arrows labelled ← (ⅲ) at top, ↑ (ⅰ) and ↑ (ⅱ) below

$$C - O - C - C$$
with a C attached above the third carbon

（ⅰ）＝（ⅱ）＝（ⅲ）

$$C - O - C - C$$
注目！

本当は →

$$C - O - C$$
with C branches, circled central C, and H

省略してた H

（2）C-O-Hの構造異性体

炭素数4のC骨格は次の2つ（直鎖・枝分かれ）です。

①

$$C - C - C - C$$

②

$$C - C - C$$
with a C attached above the middle carbon

「C-H結合にO原子を入れる」というのは、C骨格に注目して「C骨格に-OHをつける」と考えていきます。

『-OH』をヒドロキシ基っていうんだよ。そして、ヒドロキシ基をもっている有機化合物を『アルコール』っていうんだ。アルコールの反応は第4章で頑張ろうね。

①の骨格に-OHをつけていきましょう。

-OHをつけるCは（ⅰ）（ⅱ）（ⅲ）（ⅳ）の4つですが、左右対称なので（ⅰ）と（ⅳ）、（ⅱ）と（ⅲ）は同じ化合物です。

①

$$C - C - C - C$$
with arrows ↑ labelled （ⅰ）（ⅱ）（ⅲ）（ⅳ）below each carbon

$$C - C - C - C$$
$$\underset{OH}{|}$$
(ⅰ)=(ⅳ)

$$C - C - C - C$$
$$\underset{OH}{|}$$
(ⅱ)=(ⅲ)

よって、①の骨格の構造異性体は2種類です。

次に②の骨格に−OHをつけていきましょう。

−OHをつけるCは（ⅰ）（ⅱ）（ⅲ）（ⅳ）の4つありますが、正四面体なので、回転させると（ⅰ）と（ⅲ）と（ⅳ）は同じ化合物です。

②
$$C \leftarrow (ⅳ)$$
$$C - C - C$$
$$\uparrow \quad \uparrow \quad \uparrow$$
（ⅰ）（ⅱ）（ⅲ）

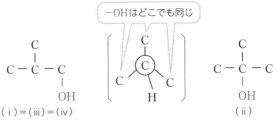

−OHはどこでも同じ

$$\underset{\overset{|}{OH}}{\overset{C}{\overset{|}{C}} - C - C}$$
（ⅰ）=（ⅲ）=（ⅳ）

$$\underset{\overset{|}{OH}}{\overset{C}{\overset{|}{C}} - C - C}$$
（ⅱ）

よって、②の骨格の構造異性体は2種類です。

まとめると、分子式$C_4H_{10}O$の構造異性体は7種類です。

$CH_3 - O - CH_2 - CH_2 - CH_3$	$CH_3 - CH_2 - O - CH_2 - CH_3$

$$\underset{}{\overset{CH_3}{\overset{|}{CH_3 - O - CH - CH_3}}}$$

$$\left[\underset{\uparrow \quad \uparrow}{C - C - C - C} \quad \underset{\uparrow}{\overset{\overset{C}{|}}{C - C - C}} \right]$$

$$\underset{\overset{|}{OH}}{CH_3 - CH_2 - CH_2 - CH_2}$$

$$\underset{\overset{|}{OH}}{CH_3 - CH_2 - CH - CH_3}$$

$$\underset{\overset{|}{OH}}{\overset{CH_3}{\overset{|}{CH_3 - CH - CH_2}}}$$

$$\underset{\overset{|}{OH}}{\overset{CH_3}{\overset{|}{CH_3 - C - CH_3}}}$$

$$\left[\underset{\uparrow \quad \uparrow}{C - C - C - C} \quad \underset{\uparrow \quad \uparrow}{\overset{\overset{C}{|}}{C - C - C}} \right]$$

手を動かして練習してみよう‼

分子式$C_5H_{12}O$のアルコール(C-OHをもつ化合物)の構造異性体は何種類？

解：炭素数5のC骨格は次の3種類です。

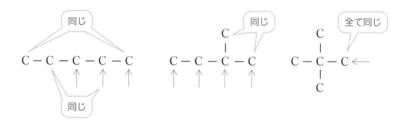

これらの骨格に-OHをつけていきましょう。つける場所に↑をつけます。

よって、8種類です。

構造異性体の数を答えるだけなら、全部書く必要はないのね！

そうなんだ。C骨格を書いて、官能基をつける
場所をチェックするだけでいいんだよ。
念のため、全部確認しておくよ(Hは省略)。

$$C-C-C-C-C \quad C-C-C-C-C \quad C-C-C-C-C$$
$$\underset{OH}{|} \qquad\qquad \underset{OH}{|} \qquad\qquad \underset{OH}{|}$$

$$\overset{C}{\underset{OH}{|}}\ C-C-C-C \quad\quad C-C-C-C \quad\quad C-C-C-C$$

(structures with C骨格 and OH groups)

$$C-C-C-C \qquad C-C-C-OH$$
$$\underset{OH}{|} \qquad\qquad \underset{C}{|}$$

▦ ポイント

構造異性体　⇒　書くことができるようになろう！

　　　　　　　　書くときはC骨格に官能基をつけていく

C骨格を書くとき　⇒　長いものから順番に書く

　　　　　　　　書き終わったら主鎖を確認する

官能基をつけるとき　⇒　不飽和度Duから、もっている官能基
を考える

　　　　　　　　C骨格にマーク（↑）をつけて考える

---

§2 立体異性体

原子団の空間配列が異なるものが**立体異性体**です。

立体構造が異なるだけなので、同じ構造式（平面）で表すことができます。

そのため「**見つけることができるか**」が問われていきます。

「次の有機化合物の中から鏡像異性体が存在するものを選びなさい」というのが例です。

そして、立体異性体の情報から**官能基の場所を特定できる**ため、構造決定において大きな鍵を握っています。

(1) シス－トランス異性体（幾何異性体）

1つ目の立体異性体を確認していきましょう。

数学の代数幾何の『幾何』って、何を学んでる？

角度とか距離……？

そうだね。角度や距離が違うから『幾何』異性体っていうんだ。角度や距離に注目していくよ。

具体例で見ていきましょう。

例 $CH_3-CH=CH-CH_3$

この化合物は分子式C_4H_8の構造異性体（➡§1(2)例2、p.40）の1つですね。

では、立体構造はどんな形でしょうか。

第1章の§2(2)（➡p.13）で確認したエチレンを参考にすれば次のように書くことができます。

$$H_3C \diagdown C = C \diagup CH_3 \qquad H_3C \diagdown C = C \diagup H$$
$$H \diagup \qquad \diagdown H \qquad\qquad H \diagup \qquad \diagdown CH_3$$

シス型　　　　　　　　　トランス型

このシス型とトランス型、構造式だと同じ$CH_3-CH=CH-CH_3$になるのね。

そうだね。こんなふうに、立体構造を考えてはじめて
2種類が見えてくるのが立体異性体なんだよ。
C骨格に注目すると、折れ曲がっている角度が違うね。
『幾何』異性体だね。

では、なぜ、シス型とトランス型は違うものになるのでしょうか。

それは「**二重結合C=Cは回転できない**（回転障害といいます）」からです。

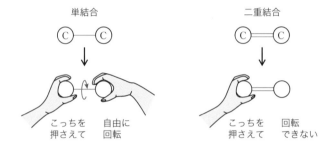

このようにC=Cの回転障害により生じる立体異性体を**シス-トランス異性体（幾何異性体）**といいます。

ちょっとイメージしにくいわ……。

だったら、いちご2つに爪楊枝を刺して確認してみるといいよ。
爪楊枝が1本のときは、左のいちごを固定しても、右のいちごは
クルクル回転できるよ。
でも爪楊枝を2本にすると、右のいちごは回転できないよ。

いちご大好きよ。早速やってみるわ！

シス−トランス異性体が生じる条件

$$\substack{p \\ q} \diagup C = C \diagdown \substack{r \\ s} \qquad p \neq q \text{ かつ } r \neq s$$

立体異性体は「見つけることができるかどうか」にかかっています。

この条件を満たす分子を素早く判断できるように練習しておきましょう。

手を動かして練習してみよう!!

次の①〜⑤の中でシス−トランス異性体が存在するものはどれ？

①CH_2=CHCl 　②CH_3CH=C$(CH_3)_2$ 　③CH_3CH_2CH=CHCH$_2$CH$_3$

④CHCl=C$(CH_2OH)CH_2OH$ 　⑤CH_3CH=CHCH$_2$COOH

解：シス−トランス異性体が生じる条件（$p \neq q$ かつ $r \neq s$）を満たしているも
　の ⇒ ③・⑤

③
$$\substack{p \\ q} \substack{\boxed{H_3C - H_2C} \\ \boxed{H}} C = C \substack{\boxed{H} \\ \boxed{CH_2CH_3}} \substack{r \\ s}$$

⑤
$$\substack{p \\ q} \substack{\boxed{H_3C} \\ \boxed{H}} C = C \substack{\boxed{H} \\ \boxed{CH_2COOH}} \substack{r \\ s}$$

与えられた示性式のまま確認すると、スピーディーに判断できます。

・C=CのC原子をマーク

　例　③ $CH_3CH_2$$\boxed{CH}$=$\boxed{CH}$$CH_2CH_3$

・マークしたC原子に結合している原子や原子団をチェック

　例　③ $CH_3\underset{p}{CH_2}\underset{q}{\boxed{CH}}=\underset{r}{\boxed{CH}}\underset{s}{CH_2CH_3}$

シス-トランス異性体の性質の違い

　シス型とトランス型では、密度や融点・沸点といった**物理的な性質が異なります**。

　具体例で確認しましょう。

例

シス　　　　　　　　　　　　　トランス

　沸点が高いのはどちらでしょうか？

　沸点なんて覚えてないわ。

　僕も覚えてないよ。考えて答えるんだ。有機化合物の沸点や融点を全部暗記するのは不可能だからね。

　基本的に**トランス型よりシス型の方が極性が大きくなります**。よって、沸点はシス型の方が高くなります。

打ち消し合うベクトルの和＝0

電気陰性度：C＞H（➡理論化学編p.66）

　化学的な性質（どのような反応が起こるか）は基本的に同じです。

手を動かして練習してみよう!!

　次のシス-トランス異性体（シス型：マレイン酸、トランス型：フマル酸）について（ⅰ）〜（ⅲ）に当てはまるものはどっち？

　（ⅰ）極性が大きい　　　（ⅱ）水への溶解度が大きい　　　（ⅲ）融点が高い

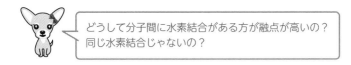

マレイン酸（シス）　　　　　　　　　フマル酸（トランス）

解：（ⅰ）シス型（マレイン酸）　（ⅱ）シス型（マレイン酸）

（ⅲ）トランス型（フマル酸）

（ⅰ）極性が大きいのはシス型（➡先述の例）

（ⅱ）水は極性溶媒　⇒　極性の大きいシス型の方がよく溶ける

（➡理論化学編 p.337）

（ⅲ）シス型　⇒　−OHが隣同士　⇒　分子内で水素結合

　　　トランス型　⇒　−OHが離れている　⇒　分子間のみで水素結合

よってトランス型の方が融点が高くなる。

（➡水素結合については理論化学編 p.93）

どうして分子間に水素結合がある方が融点が高いの？
同じ水素結合じゃないの？

融解のような状態変化は『分子間の』結合が切れることで起こるんだよ。
だから分子間の結合が強いほど融点が高いんだ。
分子内に水素結合があっても、状態変化には関係ないんだ。

融解　　　　　　　　　分子内水素結合　　　　　　　分子間水素結合

▶ ポイント

シス－トランス異性体（C＝Cの回転障害により生じる）

・生じる条件

$\Rightarrow$ $p \neq q$ かつ $r \neq s$

$$\underset{q}{\overset{p}{>}} C = C \underset{s}{\overset{r}{<}}$$

・性質の違い

$\Rightarrow$ 物理的な性質（密度や融点・沸点など）が異なる

基本的にシス型の方が極性が大きい

C＝C以外に回転障害があるもの

環状構造にも回転障害があります。そのため、環状構造の有機化合物にもシス－トランス異性体が生じる可能性があります。

例 三員環

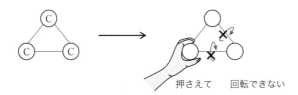

押さえて　　回転できない

$$\underset{H}{\overset{H_3C}{>}} C - C \underset{H}{\overset{CH_2}{<}} \overset{CH_2}{\underset{}{}} {}_{CH_3}$$

$$\underset{H}{\overset{H_3C}{>}} C - C \underset{CH_3}{\overset{CH_2}{<}} {}_{H}$$

シス　　　　　　　　　トランス

応用：C＝Cが2つ以上あるとき

シス－トランス異性体が生じる条件を満たしているC＝Cがn個（$n \geqq 2$）存在しているとき、2^n種類のシス－トランス異性体が存在します。

例 $CH_3-CH_2-CH=CH-CH=CH-CH_3$

$\Rightarrow$ それぞれのC＝Cにシス（c）とトランス（t）があるため、$2^2＝\underline{4}$種類のシス－トランス異性体が存在します。

$$C-C-C \overset{\underset{①}{\uparrow}}{=} C-C \overset{\underset{②}{\uparrow}}{=} C-C$$

（①・②）⇒ （c・c）（c・t）（t・c）（t・t）の4種類

　　ただし、分子の中に対称面があるときは2^n種類のシス－トランス異性体の中に、同じものが含まれるため、要注意です。

例 $CH_3-CH=CH-CH_2-CH_2-CH=CH-CH_3$
　　⇒　それぞれのC＝Cにシス（c）とトランス（t）があるため、$2^2=4$種類のシス－トランス異性体が存在するはずです。

$$C-C \overset{\underset{①}{\uparrow}}{=} C-C \dashv C-C \overset{\underset{②}{\uparrow}}{=} C-C$$

対称面

（①・②）⇒ （c・c）（c・t）（t・c）（t・t）の4種類のうち
　　　　　　　　（c・t）と（t・c）は同じものになる

（c・t）と（t・c）のように、ひっくり返すと同じ表記になるものは立体構造も同じものになります。

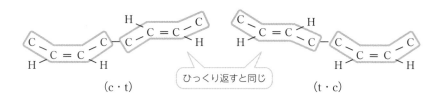

（c・t）　　　ひっくり返すと同じ　　　（t・c）

　　ちなみに、（c・c）と（t・t）は違う立体構造になります。

（c・c）　　　別物　　　（t・t）

(2) 鏡像異性体 (光学異性体)

二つ目の立体異性体も、具体例で確認していきましょう。

今度は『光学』だから光に対する何かが違うの？

その通り。光に対する性質が違う立体異性体だよ。

例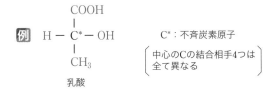

$$H - \overset{\text{COOH}}{\underset{\text{CH}_3}{\overset{|}{\underset{|}{C^*}}}} - OH$$

乳酸

C*：不斉炭素原子

中心のCの結合相手4つは
全て異なる

中心の炭素C原子に結合している原子や原子団は全て違うものですね。

このように、異なる4つの原子または原子団と結合している炭素を**不斉炭素原子**といいます。

不斉炭素原子をもつことにより生じるのが**鏡像異性体（光学異性体）**です。

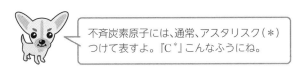

不斉炭素原子には、通常、アスタリスク（＊）
つけて表すよ。『C*』こんなふうにね。

では、立体構造を確認してみましょう。

第1章の§2(1)（➡ p.12）で確認したメタンを参考にすると、正四面体であることがわかります。

$$H - \overset{\text{COOH}}{\underset{\text{CH}_3}{\overset{|}{\underset{|}{C}}}} - OH \quad \xrightarrow{\text{本当は}} \quad$$

COOH

C

H　　OH

CH$_3$

このように正四面体で書くと、もう1つの存在が見えてきます。

どこでもいいので、不斉炭素原子に結合している4つの原子もしくは原子団を1ペア入れ替えます。

それが鏡像異性体です。

この2つは、鏡に映った像と同じ関係にあるため**鏡像体**といわれます。

鏡に映った像と同じ関係って、よくわからないわ。

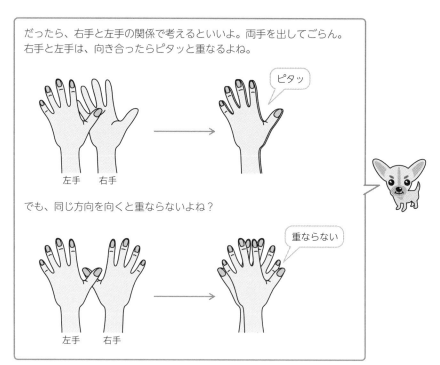

右手と左手は、似ているように見えても別物なんだ。
だから、鏡像体のことを対掌体っていうこともあるんだよ。

わかったわ。
向き合うと平面的に重なるけど、立体構造が
違うから、同じ方向を向くと重ならないのね。

では、2つの立体構造が別物であることを確認しましょう。

不斉炭素原子に結合しているH原子を正四面体の奥にもっていきます。

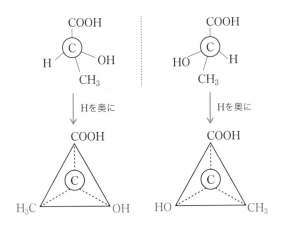

左右の正四面体をこのままの向きで重ねると、頂点のCOOHと奥のHはピタッと重なりますが、CH₃とOHは重なりませんね。

鏡像異性体が生じる条件

$$s - \overset{\displaystyle p}{\underset{\displaystyle r}{\mathrm{C}}} - q$$

p, q, r, s がそれぞれすべて違う
すなわち、**不斉炭素原子 C* が存在**

では、不斉炭素原子を見つける練習をしましょう。

手を動かして練習してみよう!!

次の①〜⑤の中で鏡像異性体が存在するものはどれ？

① $CH_3CH_2CH_2CH_3$ ② $CH_3CH_2CH(NH_2)COOH$

③ $CH_2(OH)CHClCH_2OH$ ④ $CH_3CH=CHCH_2OH$

⑤ $CH_3CH(OH)CH_2CHO$

解：鏡像異性体が生じる条件（p, q, r, s がそれぞれすべて違う）を満たしているもの ⇒ ②・⑤

②
$$s\,[H] - C^* - [COOH]\,q$$
（上: $[CH_2CH_3]\,p$、下: $[NH_2]\,r$）

⑤
$$s\,[H] - C^* - [CH_2CHO]\,q$$
（上: $[CH_3]\,p$、下: $[OH]\,r$）

与えられた示性式のまま確認すると、スピーディーに判断できます。

・不斉炭素原子になりそうなC原子をチェック

（ⅰ）CH_3 や CH_2 などH原子が複数ついているC原子は除外

（ⅱ）C＝Cのように二重結合に関わるC原子は除外

例 ② $CH_3CH_2CH(NH_2)COOH$
（ⅰ）（ⅰ）　　　　（ⅱ）
これが本命

$$-C-OH$$
$$\|$$
$$O$$
二重結合

③ $CH_2(OH)CHClCH_2OH$
（ⅰ）　　　（ⅰ）
これが本命

・チェックしたC原子に結合している原子もしくは原子団を確認

例 ② $CH_3CH_2CH(NH_2)COOH$
　　p　　q　r　　s

③ $CH_2(OH)CHClCH_2OH$ ← p と s が同じ
　p　　　q　r　s

鏡像異性体の性質の違い

　鏡像異性体は、化学的な性質や物理的な性質は同じです。異なるのは、光に対する性質（**旋光性**）です。

　鏡像異性体の一方に平面偏光を当てると偏光面が右に回転（**右旋性**）し、もう一方に平面偏光を当てると偏光面が左に回転（**左旋性**）します。

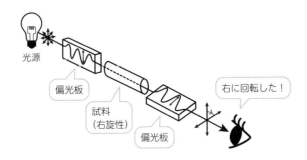

光源
偏光板
試料
（右旋性）
偏光板
右に回転した！

　旋光性をもつ物質は**光学活性**、もたない物質は**光学不活性**といいます。

右旋性のものと左旋性のものの等量混合物は光学不活性になるよ。ラセミ体っていうんだ。

///////////////
🔖 **ポイント**

鏡像異性体

・生じる条件

　⇒　p, q, r, s がそれぞれすべて違う　すなわち

　　不斉炭素原子をもつ

・性質の違い

　⇒　光に対する性質（旋光性）が異なる

$$
\begin{array}{c}
p \\
| \\
s - \overset{*}{C} - q \\
| \\
r
\end{array}
$$

鏡像異性体を区別する表現にR・S表記というものがあります。

乳酸で確認していきましょう。

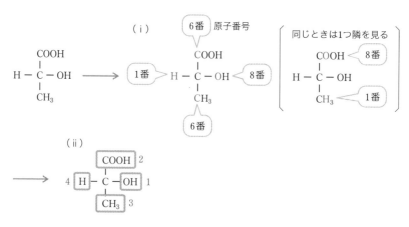

（ⅰ）不斉炭素原子に直結している原子と原子番号をチェックします。

（ⅱ）原子番号の大きい順に1・2・3・4と番号をつけます。

原子番号が同じときには、1つ隣の原子で比較します。

（CH₃とCOOHはC原子が同じであるため、H原子とO原子で比較）

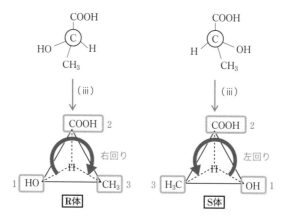

（ⅲ）4番を正四面体の奥にもっていきます。

（ⅳ）1・2・3番が右回りになるものがR体、左回りになるものがS体です。

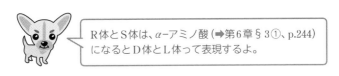
R体とS体は、α-アミノ酸（➡第6章§3①、p.244）になるとD体とL体って表現するよ。

応用：不斉炭素原子が2つ以上あるとき

不斉炭素原子がn個（$n \geqq 2$）存在しているとき、2^n種類の鏡像異性体が存在します。

例

$$CH_3 - \overset{\overset{\displaystyle H}{\displaystyle |}}{\underset{\underset{\displaystyle OH}{\displaystyle |}}{C^*}} - \overset{\overset{\displaystyle H}{\displaystyle |}}{\underset{\underset{\displaystyle NH_2}{\displaystyle |}}{C^*}} - COOH \qquad 2^2 = 4種類$$

トレオニン

ただし、分子の中に対称面があるときは2^n種類の鏡像異性体の中に、同じものが含まれるため、要注意です。

例

$$HOOC - \overset{\overset{\displaystyle H}{\displaystyle |}}{\underset{\underset{\displaystyle OH}{\displaystyle |}}{C^*}} - \overset{\overset{\displaystyle H}{\displaystyle |}}{\underset{\underset{\displaystyle OH}{\displaystyle |}}{C^*}} - COOH \qquad 2^2 = 4種類??$$

酒石酸

①～④のどれとどれが同じでしょうか？

①と②だと思うわ。

僕もそう思う。きっと正解だよ。

正解は「①と②が同じ」です。

①と②は、一見、鏡像体ですが②を180度回転させると全く同じになります。これを**メソ体**といいます。

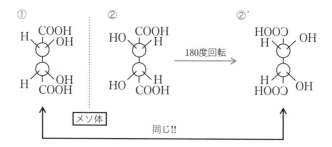

③と④は鏡像体ですね。

そして、①と③、①と④のように鏡像体ではない鏡像異性体のことを**ジアステレオマー**といいます。

以上より、鏡像異性体の数は $2^2-1=3$ 種類となります。

対称面の有無には気を配っていきましょう。

第4章 脂肪族化合物

いよいよ有機化合物の反応です！
構造決定では、反応に関する情報をもとに、有機化合物がもつ官能基を特定していきます。
ですから「反応名↔官能基」がスラスラ答えられるようになりましょう。
この章では脂肪族化合物の反応を確認していきます。

第4章の目標

➡ 有機化合物の名前が言えるようになろう。

➡ 官能基の種類を覚えよう。

➡ 官能基ごとに反応名が言えるようになろう。

§1 炭化水素

　炭素C原子と水素H原子のみからなる有機化合物を**炭化水素**といいます。
炭化水素は極性が小さいため、**すべて水に溶けません**。

①アルカン C_nH_{2n+2}（Du＝0）：鎖式飽和炭化水素

　分子式が C_nH_{2n+2} であるため、不飽和度Du＝0の鎖式飽和（➡第1章§3, p.16）です。

(1) 化合物名『〜ane』

　アルカン (alkane) の化合物名は、一般名に合わせて語尾が「〜ane」で終わります。

　アルカンの化合物名がベースになり、その他の化合物の命名が可能になります。

　ここで、$n＝1〜10$のアルカンの化合物名を頭に入れましょう。

$n=1$ **メタン**	$n=6$ **ヘキサン**
$n=2$ **エタン**	$n=7$ **ヘプタン**
$n=3$ **プロパン**	$n=8$ **オクタン**
$n=4$ **ブタン**	$n=9$ **ノナン**
$n=5$ **ペンタン**	$n=10$ **デカン**

では、枝分かれがあるアルカンの化合物名をつけてみましょう。

主鎖（一番長いC骨格）についている短いC骨格を**側鎖**といいます。
側鎖の名称は、アルカンの語尾「～ane」を「～yl基」に変えてよんでいきます。
側鎖の炭素数が1なら「メチル基」、炭素数が2なら「エチル基」となります。

例

$$\underbrace{CH_3-CH_2-\overset{\overset{\displaystyle CH_3\ ]側鎖}{|}}{CH}-CH_3}_{主鎖}$$

主鎖（一番長いC骨格）
$\Rightarrow$ 炭素数4 $\Rightarrow$ ブタン

側鎖（主鎖についている短いC骨格）
$\Rightarrow$ 炭素数1 $\Rightarrow$ メチル基

主鎖の末端から数えて2番目のC原子に、側鎖のメチル基がついているので
「2-メチルブタン」となります。

アルカンの命名は大丈夫かな。1つ答えてみようか。
このアルカンの化合物名は？

$$CH_3-\overset{\overset{\displaystyle CH_3}{|}}{CH}-\overset{\overset{\displaystyle CH_3}{|}}{CH}-CH_2-CH_3$$

側鎖が2つもあるわ……。主鎖は炭素数5だからペンタン。
側鎖は炭素数1だからメチル基。これが2つ。2を表す数詞は『ジ』ね？

そうそう。2は『ジ』、3は『トリ』、4は『テトラ』、
5は『ペンタ』、6は『ヘキサ』だね。

側鎖が主鎖の2番目と3番目についているから……
『2,3-ジメチルペンタン』?

正解！

(2) 反応

アルカンは『飽和』すなわち『限界』であるため、基本的に反応しません。

アルカンを反応させるには「無理矢理結合を切る」必要があります。

アルカンがもっている結合は

・**炭素間単結合C–C**　　　・**炭素水素間結合C–H**

の2つです。

$$H-\underset{\underset{H}{|}}{\overset{\overset{H}{|}}{C}}-\underset{\underset{H}{|}}{\overset{\overset{H}{|}}{C}}\bigg|\underset{\underset{H}{|}}{\overset{\overset{H}{|}}{C}}-\cdots\cdots-\underset{\underset{H}{|}}{\overset{\overset{H}{|}}{C}}\bigg|H$$

（ⅰ）　　　　　　　　　　　　（ⅱ）

（ⅰ）炭素間単結合C–Cを切る反応　⇒　**①熱分解（クラッキング）**

（ⅱ）炭素水素間結合C–Hを切る反応　⇒　**②置換反応（ハロゲン化）**

①熱分解（クラッキング）

熱分解という名の通り、強熱して結合を無理矢理切ります。

主にC–Cが切れ、炭素数の大きいアルカンから炭素数の小さい炭化水素（エチレン、アセチレンなど）が生じます。

$$C-C-C-C\cdots C \xrightarrow{\text{熱}} \text{小さい炭化水素}$$

切れるまで加熱するって、本当に無理矢理な気がするわね。

そうだね。C–CとC–HではC–Cの方が結合エネルギー
が小さいから切れやすいって考えるといいよ。

②置換反応（ハロゲン化）

　光（紫外線、以降UV）の照射により、ハロゲンの単体と反応します。

　アルカンのH原子がハロゲンで置き換わり（置換）、ハロゲン化炭化水素へ
変化します。

例　$H-\underset{\underset{H}{|}}{\overset{\overset{H}{|}}{C}}-H + Cl-Cl \xrightarrow{\text{光}} H-\underset{\underset{H}{|}}{\overset{\overset{H}{|}}{C}}-Cl + HCl$

置換が進行すると、最終的にすべてのH原子が置換されます。

$$H-\underset{\underset{H}{|}}{\overset{\overset{H}{|}}{C}}-H \xrightarrow[\text{光}]{Cl_2} \underset{\text{クロロメタン}}{H-\underset{\underset{H}{|}}{\overset{\overset{H}{|}}{C}}-Cl} \xrightarrow[\text{光}]{Cl_2} \underset{\text{ジクロロメタン}}{H-\underset{\underset{Cl}{|}}{\overset{\overset{H}{|}}{C}}-Cl}$$

$$\xrightarrow[\text{光}]{Cl_2} \underset{\substack{\text{トリクロロメタン}\\(\text{クロロホルム})}}{Cl-\underset{\underset{Cl}{|}}{\overset{\overset{H}{|}}{C}}-Cl} \xrightarrow[\text{光}]{Cl_2} \underset{\substack{\text{テトラクロロメタン}\\(\text{四塩化炭素})}}{Cl-\underset{\underset{Cl}{|}}{\overset{\overset{Cl}{|}}{C}}-Cl}$$

CH$_4$のH原子が3つ、ハロゲンで置換されたら『～ホルム』っていうよ。もうじき『ヨードホルム反応』っていうのが出てくるよ。

『ヨード』っていうことは、ヨウ素Iで置き換わってるの？

その通り。化学式はCHI$_3$だよ。

応用 【置換反応の本当の姿】今後の反応に応用できるため、確認しておくことをお勧めします。

アルカンと塩素（ハロゲンの単体）が出会っただけでは、反応は進行しません。そのくらい、飽和であるアルカンは反応性が低いということです。

「光（UV）照射」の条件が必須なのです。

光（UV）照射で塩素原子間結合が切れ、塩素原子が生じます。これがきっかけとなり、置換反応が進行します。

不対電子あり

$$\text{Cl} \mathbin{\vdots} \text{Cl} \xrightarrow{\text{光}} \text{Cl} \bullet + \bullet \text{Cl}$$

塩素原子には不対電子があり、非常に反応性が高い（攻撃的な）状態です。

このように、不対電子をもっている反応性の高い原子（分子・イオン）を**ラジカル**とよびます。

$$\text{Cl} \bullet$$

塩素ラジカル

不対電子を対にするために誰でもいいから攻撃するぜー

塩素ラジカルは、不対電子を対にするため、アルカンに攻撃を仕掛けます。

攻撃対象はアルカンの

「炭素間単結合C−C」か「炭素水素間結合C−H」

のどちらからしかありません。

みなさんがラジカルだったら、どっちを狙いますか？

$$\begin{array}{ccccccc} & H & H & & H & & H \\ & | & | & & | & & | \\ H-&C-&C-&\Big(&C-&\cdots\cdots-&C-\Big)&H \\ & | & | & & | & & | \\ & H & H & & H & & H \end{array}$$

どっち狙う？

狙いやすいのは外側にあるC−H結合ですね。

よって、C−H結合が塩素ラジカルの攻撃を受けて切れます。

攻撃 Cl•

$$H-\overset{\underset{\displaystyle H}{|}}{\underset{\underset{\displaystyle H}{|}}{C}}:H \longrightarrow H:Cl \;+\; H-\overset{\underset{\displaystyle H}{|}}{\underset{\underset{\displaystyle H}{|}}{C}}\bullet$$

ラジカルになってもうた

やっぱ対はいいわー

メチルラジカル

これで、塩素ラジカルは塩化水素HClとなり安定です。

しかし、新しいラジカルが生じました。メチル基のラジカル（メチルラジカル）です。

今度はメチルラジカルが塩素分子に攻撃を仕掛けます。

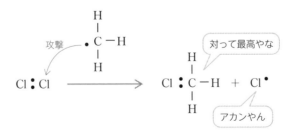

攻撃

$$Cl:Cl \longrightarrow Cl:\overset{\underset{\displaystyle H}{|}}{\underset{\underset{\displaystyle H}{|}}{C}}-H \;+\; Cl\bullet$$

対って最高やな

アカンやん

これで、メチルラジカルはクロロメタン CH_3Cl となり安定です。

しかし、新しいラジカルが生じました。塩素ラジカルです。

今度は塩素ラジカルがメタンに攻撃を仕掛けます。

そうです。もう、堂々巡りで止まらないのです。これを繰り返し、1段目の置換反応が終わりを迎えます。このときには、2段目の置換反応も始まっています。

このように繰り返し起こる反応を**連鎖反応**といいます。

「ラジカルに攻撃させて、アルカンのC−H結合を無理矢理切る」というのが、置換反応の本当の姿です。

塩素ラジカルが塩素分子を攻撃することはないの？

$$\text{攻撃} \quad {}^{\bullet}Cl$$
$$Cl \mathbin{\vdots} Cl \quad \longrightarrow \quad Cl \mathbin{\vdots} Cl \quad + \quad Cl^{\bullet}$$

結局、変わってなくない？

もしそうなったら、反応前後で何も変化しないことになるね。変化しないということは、エネルギーの変化がないということだよ。
基本的に反応は安定な方、すなわちエネルギーの低い方へ進行するんだ。だから、アルカンを攻撃するんだよ。

アルカン C_nH_{2n+2}（Du＝0）：鎖式飽和炭化水素

> 名 「～ane」 $n＝1～10$まで暗記

> 反応 結合を無理矢理切る

> 熱分解（クラッキング）

> C－C結合を（熱で）無理矢理切る

> 置換反応（ハロゲン化）

> C－H結合を（ラジカルの攻撃で）無理矢理切る

②シクロアルカン C_nH_{2n}（Du＝1）：環式飽和炭化水素

分子式が C_nH_{2n} であるため、不飽和度Du＝1です。このDu＝1は環状構造からくるものなので、環式飽和（➡第1章§3、p.16）です。

(1) 化合物名『シクロ～ane』

シクロアルカンの化合物名は、アルカンの化合物名の前に「シクロ」をつけるだけです。

例

$$
\begin{array}{c}
CH_2 \\
H_2C \qquad CH_2 \\
| \qquad\qquad | \\
H_2C \qquad CH_2 \\
CH_2
\end{array}
$$
シクロヘキサン

(2) 反応

シクロアルカンはアルカンと同じ飽和炭化水素であるため、反応も基本的にアルカンと同じです。

> 環状構造は回転障害があるため、シス－トランス異性体が存在する可能性があることに気をつけようね（➡第3章§2(1)、p.48）。

☞ ポイント

シクロアルカン C_nH_{2n}（Du＝1）：環式飽和炭化水素

| 名 | 「シクロ〜ane」 |

| 反応 | 基本的にアルカンと同じ |

③アルケン C_nH_{2n}（Du＝1）：鎖式不飽和炭化水素

分子式がC_nH_{2n}であるため、不飽和度Du＝1です。このDu＝1はC＝Cから
くるものなので、鎖式不飽和（➡第1章§3、p.16）です。

そして、シクロアルカンの構造異性体です。

(1)化合物名『〜ene』

アルケン（alkene）の化合物名は、一般名に合わせて語尾が「〜ene」で終わ
ります。

アルカンの化合物名の語尾を「〜ane」から「〜ene」に変えるとアルケンの化
合物名になります。

$n=2$　エテン（**エチレン**）

$n=3$　プロペン（**プロピレン**）

$n=4$　ブテン

$n=5$　ペンテン

> $n=2$は慣用名の『エチレン』
> で表記するよ。
> $n=3$は『プロペン』と『プロ
> ピレン』どちらでも対応でき
> るようになっておこうね。

例　$CH_3 - CH_2 - CH = CH_2$

1-ブテン

> 「1」はC＝Cの場所を表しているよ。
> 近い方の末端から見て1番目の結合が
> C＝Cだね

▼ 炭素間二重結合C＝Cの本当の姿

反応に入る前に、炭素間二重結合C＝C結合と向き合ってみましょう。

一本目の結合を「**σ結合**」、二本目の結合を「**π結合**」といいます。

　結合はマイナスに帯電している電子でできているため、結合同士はできるだけ離れようとします。

　基本的に、共有結合同士は90°〜180°離れていると安定します。

　以上のことを考えると、σ結合の隣にπ結合が存在するはずはありません。

　σ結合から一番離れられる場所に、π結合は存在します。さて、どこでしょう？

　π結合がσ結合と同一平面上だと、どこに存在していても、結合同士が近付き過ぎますね。

　σ結合から少しでも離れるためには、平面から飛び出るしかないのです。

　これが、π結合の本当の姿です。

　これを踏まえた上で、アルケンの反応を考えていきましょう。

(2) 反応

アルケンは『不飽和』すなわち『限界ではない』ため、アルカンに比べ反応性は高いです。

π結合は平面から飛び出ていて非常に狙われやすいため、π結合に何かがくっつく反応が起こります。

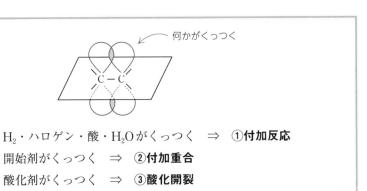

何かがくっつく

H₂・ハロゲン・酸・H₂Oがくっつく　⇒　**①付加反応**

開始剤がくっつく　⇒　**②付加重合**

酸化剤がくっつく　⇒　**③酸化開裂**

「何がくっつくか」で反応名が分かれているだけで、「π結合に何かがくっつく」がアルケンの反応のすべてです。

もっと大きく捉えると、π結合にくっついてくるのは『ラジカル×2』か『X⁺Y⁻ペア』のどちらかなんだよ。

たった2つ？　ラジカルって、アルカンで出てきた不対電子もってるやつね。

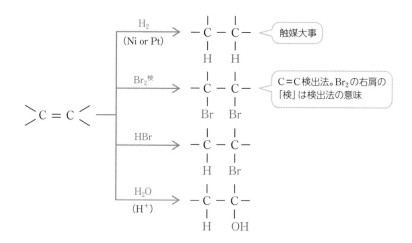

①付加反応

π 結合に水素 H_2・ハロゲン・酸[*]・水 H_2O[*] が付加します。

H_2 は Ni や Pt と接触すると水素ラジカル $H^\bullet$ になるんだ。それ以外はすべて、陽イオンと陰イオンに分かれて π 結合にくっついてくるよ。

ハロゲンって陽イオンと陰イオンに分かれるの？

ハロゲンの単体は代表的な酸化剤で、酸化剤として働くとき、陽イオンと陰イオンに分かれて、陽イオンが還元剤から電子を奪うんだよ。

お！ 電子だ！ 奪ってくるわ

$$Cl \; \vcentcolon \; Cl \longrightarrow \left[Cl \; \vcentcolon \right]^{-} + Cl^{+} \xrightarrow[\text{奪う}]{} \begin{array}{c} e^{-} \\ e^{-} \end{array}$$

いってらっしゃい

〈C=Cの検出法 ⇒ **臭素Br_2付加**〉

　$\underline{Br_2は赤褐色}$ですが、アルケンに付加すると$\underline{無色}$になります。また、触媒がなくても進行することから、アルケンの検出に利用されています。

　正確には、炭素間π結合の検出に利用されるため、**アルキン（➡④、p.80）の**$\underline{\textbf{検出にも利用}}$されます。

▼ ＊マルコフニコフ則

　『非対称のアルケンに酸や水H_2Oが付加するとき、より多くのH原子と結合しているC原子にH原子が付加しやすい』

　一言でいうなら、$\underline{H原子の多いC原子にH原子が付加}$しやすい、ということです。

　具体例で確認してみましょう。

例

$$C - C - \underset{\displaystyle \overset{|}{H}}{C} = \underset{\displaystyle \overset{|}{H}}{C} - H \xrightarrow{HX}$$

H 1 コ　　H 2 コ

$$C - C - \underset{\displaystyle \overset{|}{H}}{C} - \underset{\displaystyle \overset{|}{X}}{C}$$
副生成物

$$C - C - \underset{\displaystyle \overset{|}{X}}{C} - \underset{\displaystyle \overset{|}{H}}{C}$$
主生成物

　生成物は2種類ですが、主生成物は「H原子の多いC原子にH原子が付加」したほうになります。

どうしてH原子の多いC原子にH原子が付加するの?

ゆっくり説明してみるよ。π結合に最初に付加してくるのは、H⁺だよ。
これがどっちのC原子に付加するかで、2種類の中間体が生じるね。

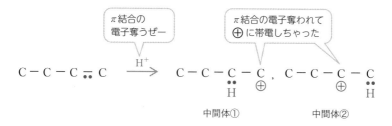

π結合の
電子奪うぜー

π結合の電子奪われて
⊕ に帯電しちゃった

$$C-C-C \overset{\cdot\cdot}{\underset{}{=}} C \xrightarrow{H^+} \underset{H}{C-C-C} \overset{}{\underset{\oplus}{C}} , \quad C-C-\underset{\oplus}{C} \overset{\cdot\cdot}{\underset{H}{C}}$$

中間体①　　　　　　　中間体②

ゆうこちゃんなら、どっちの中間体になりたい?

私が中間体になるの……?

そういう気持ちで考えるんだよ。π結合の電子を奪われた
一方のC原子はプラスに帯電しているよ。
プラスとして幸せなのはどっち?　ゆうこちゃんなら、
どっちになりたい?

……どっちでもいいわ。

そう？　僕ならたくさんのマイナスに囲まれたいな。

あ……②！　たくさんのマイナスに囲まれてるから。
私、②の中間体になりたい！

もっと⊖に
囲まれたい…

両側に電子⊖がいたら
落ち着くわー

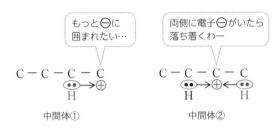

中間体①　　　　　　　　　中間体②

そういうこと。②の中間体の方が主生成物になるんだよ。

②付加重合

　同じ分子が繰り返しつながっていくことを**重合**といいます。

　適当な開始剤を加えることにより、アルケン同士が付加反応を繰り返して重合していきます。

　このように、付加反応で重合していくことを**付加重合**といいます。

　主に合成高分子 (➡第7章、p.288) で扱います。この章では代表的なビニル基をもつもので確認します。

ビニル基

$$\begin{array}{c} H \\ H \end{array} C = C \begin{array}{c} H \\ X \end{array} \xrightarrow{\text{開始剤}} \left[\begin{array}{cc} H & H \\ | & | \\ C - C \\ | & | \\ H & H \end{array} \right]_n$$

開始剤って何？

反応のきっかけになるもので、例えば過酸化水素 H_2O_2 なんかが使われたりするんだ。

$$H-O\overset{|}{\underset{1}{:}}O-H \longrightarrow H-O\cdot + \cdot O-H$$

ヒドロキシラジカル

H_2O_2 がラジカルになって、π結合に付加してくるのがきっかけで、付加重合が進行していくんだ。

攻撃

ラジカルになってもうた

攻撃

繰り返す

攻撃

③酸化開裂

　オゾン O_3 や過マンガン酸カリウム $KMnO_4$（酸性条件下）などの酸化剤によって酸化され、アルデヒドやケトンを生じます。

　$KMnO_4$（酸性条件下）を使用した場合のみ、アルデヒドはカルボン酸まで酸化されます。

$$\begin{array}{c} R_1 \\ R_2 \end{array}\!\!C = C\!\!\begin{array}{c} R_3 \\ R_4 \end{array} \xrightarrow[\text{もしくは}O_3]{KMnO_4\ (\text{酸性下})} \begin{array}{c} R_1 \\ R_2 \end{array}\!\!C = O + O = C\!\!\begin{array}{c} R_3 \\ R_4 \end{array}$$

$$R\begin{cases} H \rightarrow \text{アルデヒド} \\ H\text{以外} \rightarrow \text{ケトン} \end{cases}$$

$$\xrightarrow[\text{のみ}]{KMnO_4\ (\text{酸性下})} \begin{array}{c} R \\ H \end{array}\!\!C = O \quad \text{は} \quad \begin{array}{c} R \\ HO \end{array}\!\!C = O \quad \wedge$$

アルデヒド　　　　　　　カルボン酸

何が起こっているか、全くわからないわ。

例えばO_3。普段は①みたいに書いてるけど、本当は②のような状態にもなってるんだ。

→は配位結合　　　ラジカル

オゾンO_3　　　　①　　　　②

ラジカル!!

そう。ラジカルがπ結合に付加して、その後壊れてアルデヒドやケトンになっているんだよ。
輪ゴムが空気中で劣化していくのも、これが原因の1つなんだ。ゴムにはたくさんの$C=C$があるからね。

中間体

> ///////////////
> ### 📖 ポイント
>
> アルケン C_nH_{2n}（Du＝1）：鎖式不飽和炭化水素
>
> [名] 「〜ene」 一部慣用名暗記
>
> [反応] π 結合に何かが付加する
>
> 付加反応：H_2・ハロゲン・酸*・H_2O*が付加
>
> *マルコフニコフ則：H原子の多いC原子にH原子付加
>
> 付加重合：開始剤により重合
>
> 酸化開裂：O_3や$KMnO_4$（酸性条件下）でアルデヒドや
> ケトンに変化
> $KMnO_4$（酸性条件下）のときのみアルデヒド
> はカルボン酸まで酸化される

④アルキン C_nH_{2n-2}（Du＝2）：鎖式不飽和炭化水素

分子式がC_nH_{2n-2}であり、不飽和度Du＝2の鎖式不飽和（➡第1章§3、p.16）です。

炭素間三重結合C≡Cを1つもちます。

アルキンは、炭素間二重結合C＝Cを2つもつ化合物（ジエン）の異性体です。

(1) 化合物名『〜yne』

アルキン（alkyne）の化合物名は、一般名に合わせて語尾が「〜yne」で終わります。

080　第4章　脂肪族化合物

アルカンの化合物名の語尾を「〜ane」から「〜yne」に変えるとアルキンの化合物名になります。

$n=2$　エチン（**アセチレン**）

$n=3$　**プロピン**

$n=4$　**ブチン**

$n=2$は慣用名の『アセチレン』で表記するよ。

▼ アセチレンC_2H_2は炭素含有率が高い

C_2H_2はH原子の数が少ない、すなわち分子の中でC原子が占めている割合（C含有率）が高いため、不完全燃焼を起こしやすく、燃やすとすすが出ます。

他に炭素含有率が高いものって何？

C_2H_2のように、H原子がC原子と同じ数しかないもので、ベンゼンC_6H_6があるね。

(2) 反応

アルキンはアルケン同様π結合をもつため、π結合に何かがくっつく反応が起こります。

また、C骨格の末端にC≡Cがある場合（−C≡C−H）、C≡Cに結合しているH原子は他の炭化水素のH原子に比べて電離しやすく、塩基性にする（OH⁻で誘ってやる）と電離します。

（ⅰ）何かがくっつく

$$- C \equiv C - \mid H$$

（ⅱ）電離する

（ⅰ）π結合に何かが付加　⇒　**①付加反応・②付加重合**

（ⅱ）末端C≡C−Hの電離　⇒　**③アセチリドの生成（置換）**

---

①付加反応

π結合に<u>水素 H_2・ハロゲン（Br_2 付加[検]）・酸[*]・水 H_2O[*]</u>が付加します。

〈C≡Cの検出法　⇒　**臭素 Br_2 付加**（C=C同様）〉

[*]マルコフニコフ則（➡③アルケン（2）反応①、p.74）が成立

ここでは、酸と H_2O の付加に注目してみましょう。

CH₃COOH

H₂O
(HgSO₄)

$CH_3 - C - O^-$ と H^+
　　‖
　　O
が付加するよ

酢酸ビニル（命名は§4②、p.117）

ビニルアルコール
不安定

アセトアルデヒド

酢酸 CH_3COOH のように酸が付加するとビニル化合物が生じます。

アルケンで確認したように、ビニル基をもつものは付加重合を起こします（➡③アルケン（2）反応②、p.77）。

酢酸ビニルは付加重合するとポリ酢酸ビニルになるよ。

付加重合

ポリ酢酸ビニル

▼ ＊＊ケト・エノール互変異性

　アルキンに水H_2Oが付加すると<u>C=Cにヒドロキシ基−OHが直結した構造</u>が生じます。

　この構造をもつものを総称して**エノール**といいます。

　エノール型は非常に不安定なため、ケト型に変化します。

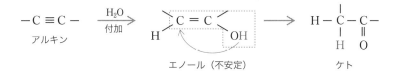

エノール（不安定）　　　　　　ケト

どうしてエノールは不安定なの？

ゆうこちゃんがエノールの−OHのH原子だったら、どんな気持ち？

え？　きよしくん、何言ってるの？

いいから。エノールの−OHのH原子になりきってみて。どんな気持ち？

……共有電子対をO原子にもって行かれて、満たされない気持ち。

そうそう。ちょっと隣を見たら、平面から飛び出た奪いやすいπ結合があるよ。どうする？

O原子と結合していたら幸せになれないから、π結合に飛び移るわ。

そういうこと。

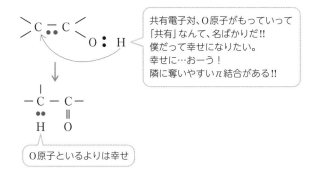

共有電子対、O原子がもっていって「共有」なんて、名ばかりだ!!
僕だって幸せになりたい。
幸せに…おーう！
隣に奪いやすいπ結合がある!!

O原子といるよりは幸せ

②付加重合（三分子重合）

アルケン同様、アルキンも付加重合が起こりますが、たくさんの分子の重合は起こりません。

三分子の重合は**ベンゼンの製法**であり、とても重要です。

$$3 \; H-C \equiv C-H \longrightarrow \left(\begin{array}{c} \\ \end{array} \right) \longrightarrow$$

ベンゼン

どうしてたくさんの分子が重合しないの？

アルキンはπ結合を2つももっているよね。
結合同士は離れようとするから、σ結合がx軸方向なら、1つ目のπ結合
はy軸方向、2つ目のπ結合はz軸方向。

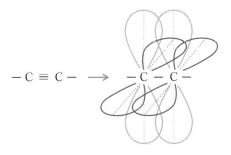

$$-C \equiv C- \longrightarrow -C-C-$$

書いてみるだけでも複雑だよね。π結合が複雑だから、たくさんの重合が
起こりにくいって考えよう。

③アセチリドの生成（置換）[検]

末端のC≡Cに結合したH原子は他の炭化水素に比べ、電離しやすくなって
おり、塩基性にすると電離します。

$$H-C \equiv C-H \xrightarrow{OH^-} {}^-C \equiv C^- \xrightarrow{Ag^+} AgC \equiv CAg\downarrow$$

アセチレン化物イオン

塩基性で電離　　　　　　　　　Ag$^+$で沈殿

これを利用したのが、アセチリドの生成です。

〈末端C≡Cの検出法

⇒　**アンモニア性硝酸銀を加えると銀アセチリドの沈殿生成**〉

$$H-C \equiv C-H \xrightarrow[{[Ag(NH_3)_2]^+}]{アンモニア性硝酸銀} AgC \equiv CAg\downarrow$$

銀アセチリド（白）

水酸化ナトリウムのような塩基だと、銀イオンAg^+は酸化銀（I）Ag_2Oとして沈殿してしまいます。

Ag^+が沈殿しない塩基がアンモニアです。次のように錯イオンを生成するためです。

$$Ag^+ + 2NH_3 \longrightarrow [Ag(NH_3)_2]^+$$

沈殿しない

よって、末端$C \equiv C$の検出にはアンモニア性硝酸銀を使用します。

電離しやすいなら、アセチレンは酸なの？

一般に、水より電離するものを酸というんだ。
水より電離しにくいものは酸とはいわないよ。
ここではH^+を出すという意味で酸とよんでるよ。

▼ アセチレンの製法

「アセチレンは塩基性にすると電離する」の逆反応がアセチレンの製法です。

$$H-C \equiv C-H \ + \ 2OH^- \ \underset{製法}{\overset{電離}{\rightleftharpoons}} \ ^-C \equiv C^- \ + \ 2H_2O$$

具体的に利用されているのが炭化カルシウム（カルシウムカーバイド）CaC_2です。

$$CaC_2 + 2H_2O \longrightarrow C_2H_2 + Ca(OH)_2$$

アセチレンより水の方が電離しやすい、すなわち水の方が強い酸だから、弱酸遊離反応だよ。

アセチレンは酸じゃないのに、弱酸遊離反応っていうの？

そう。広い意味での弱酸遊離反応。強い方がH$^+$を投げる。弱い方が受け取って遊離しちゃう（➡無機化学編 p.91）。

$$^-C \equiv C^- \;+\; 2H_2O \;\longrightarrow\; H-C \equiv C-H \;+\; 2OH^-$$

H$^+$ ／ 強い者が投げる ／ 弱い者は受け取っちゃう

　また、アセチレンは水に溶けないため、水上置換で捕集します。

　水と反応し、水の中で捕集するため、同時におこないます。

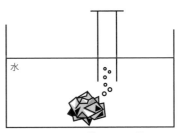

水

穴があいたアルミ箔にくるんだCaC_2

アルミ箔は何の役割？

もし、アルミ箔がなかったら、アセチレンがいろんなとこから発生して、捕集が大変でしょ。
アルミ箔で覆って穴を開けておけば、その穴からアセチレンが出てくるから捕集しやすいよね。

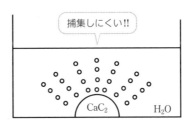

捕集しにくい!!

CaC_2　　H_2O

アルキン C_nH_{2n-2}（Du＝2）：鎖式不飽和炭化水素

名 「〜yne」 一部慣用名暗記

反応 π結合に何かが付加する・末端C≡Cの電離

付加反応：H_2・ハロゲン・酸*・H_2O*が付加

＊マルコフニコフ則：H原子の多いC原子にH原子付加

H_2O付加 ⇒ ケト・エノール互変異性

付加重合：三分子重合 ⇒ ベンゼンの製法

アセチリドの生成（置換）：アンモニア性硝酸銀水溶液

で銀アセチリドの白色沈殿

⇒ 末端C≡Cの検出

§2 アルコール・エーテル

アルコールとエーテルは異性体の関係にあり、構造決定の問題の中で一緒に登場する可能性が高いため、両者の違いに注目しながら反応を押さえていきましょう。

一言でいうなら、アルコールは活性。エーテルは不活性です。

ですから、アルコールが起こす反応を、エーテルは全て起こしません。

活性・不活性って何？

活性は、
　元気がいい（エネルギーが高い）　⇒　反応しやすい
　⇒　形が変わりやすい　⇒　<u>不安定</u>
不活性は
　元気がない（エネルギーが低い）　⇒　反応しにくい
　⇒　形が変わりにくい　⇒　<u>安定</u>
っていうイメージだね。

①アルコール $R-\underline{OH}$ ヒドロキシ（ル）基

炭化水素のH原子をヒドロキシ（ル）基−OHで置き換えた化合物がアルコールです。

(1) 化合物名『～ol』

アルコール（alcohol）の化合物名は、一般名に合わせて語尾を「～ol」に変えます。

例　$CH_3 - CH_2 - \underset{\underset{OH}{|}}{CH} - CH_3$

『2』は−OHの場所。
近いほうの末端から
『2』番目のCに−OH。

2−ブタノール

(2) 反応

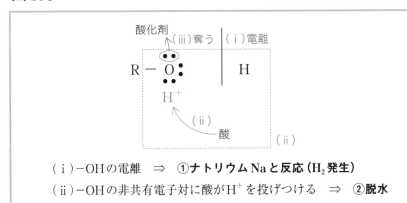

（ⅰ）−OHの電離　⇒　**①ナトリウムNaと反応（H_2発生）**

（ⅱ）−OHの非共有電子対に酸がH^+を投げつける　⇒　**②脱水**

（ⅲ）−OHの非共有電子対を酸化剤が奪う　⇒　**③酸化**

①ナトリウムNaと反応検(H₂発生)

　－OHは極性が大きいため電離しやすく、わずかに電離してH⁺を生じています（アルコールは水より電離しにくいため中性です）。

　Naは強力な還元剤であるため、わずかなH⁺でも見つけ出してe⁻を投げつけます。

　そのため、アルコールに限らず－OHをもつものは全てNaと反応してH₂が発生します。

〈－OHの検出法　⇒　**Naと反応してH₂発生**〉

－OHもってたら、なんでも反応するの？

うん。水H－OH、フェノール、あたりが代表例だね。

だからNaは冷水と反応するの？　金属のイオン化傾向で習ったわ。

そうそう。だから、これはアルコールの反応ではなくてNaの反応といえるね。

②脱水

　一般的な脱水は100℃を超えます。濃硫酸は、その温度に耐えることができる酸であるため使用します。

100℃を下回る場合はハロゲン化水素でも脱水が起こります（➡（ⅲ）ハロゲン化水素置換、p.93）。

（ⅰ）**低温（エタノールでは130〜140℃）　⇒　分子間脱水**

（左右対称エーテル生成）

$$2R-OH \quad \xrightarrow[(H_2SO_4)]{} \quad R-O-R \ + \ H_2O$$

（ⅱ）**高温（エタノールでは160〜170℃）　⇒　分子内脱水[*]（アルケン生成）**

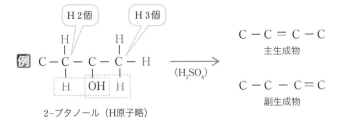

▼　＊ザイツェフ則

『非対称のアルコールで分子内脱水が起こるとき、結合しているH原子が、より少ないC原子からH原子が脱離しやすい』

一言でいうなら、マルコフニコフ則（➡§1③アルケン（2）反応①、p.74）の逆です。具体例で確認してみましょう。

マルコフニコフ則とごっちゃになるわ。

入試ではマルコフニコフ則の方がよく出るから、まずはそっちを徹底しようね。
僕は『くっつくときは多い方へ、とれるときは少ない方から』って覚えてるよ。

▼ 問題文中に「高温」「低温」を与えてくれていないとき

　基本的に、構造決定の問題文の中では「（アルコールに）濃硫酸を加えて加熱」としか与えてくれません。

　そのときは、（ⅱ）の分子内脱水が起こっていると判断して、その先に進んでください。

　必ず辻褄が合い始めます。

　入試の構造決定は基本的にC数4以上で、C数4以上のアルコールでは、アルキル基同士の反発により、分子間脱水が起こりにくくなるためです。

アルコールの脱水は、こんなふうに理解してみるといいよ。
まず、濃硫酸が-OHの非共有電子対にH^+を投げつける。これにより脱水。

$$-\overset{|}{\underset{|}{C}}-\overset{|}{\underset{\overset{\cdot\cdot}{H}}{\underset{OH}{C}}}- \quad\longrightarrow\quad -\overset{|}{\underset{|}{C}}-\overset{|}{\underset{H}{C}}\oplus \quad + \quad H_2O$$

← H_2SO_4

電子をもって行かれたC原子が＋に帯電。
このC原子が、低温だと他のアルコールの非共有電子対を狙う。

低温だと…

$$-\overset{|}{\underset{\underset{H}{|}}{C}}-\overset{|}{C}\oplus \quad R-\overset{\cdot\cdot}{O}H \quad\longrightarrow\quad -\overset{|}{\underset{\underset{H}{|}}{C}}-\overset{|}{C}-O-R$$

高温だと他のアルコールを狙うのが難しい（熱運動で激しく動き回ってる）から隣の電子対を狙う。こんなイメージだね。

高温だと…

$$-\overset{|}{\underset{\underset{H}{\cdot\cdot}}{C}}-\overset{|}{C}\oplus- \quad\longrightarrow\quad {\Large{>}}C=C{\Large{<}}$$

応用 (iii) ハロゲン化水素置換（100℃以下）

$$R-OH + HI \longrightarrow R-I + H_2O$$

広い意味で脱水と捉えることができます。最も起こりやすいのは三級アルコール（➡③酸化反応、下記）です。

③酸化反応

過マンガン酸カリウム$KMnO_4$や二クロム酸カリウム$K_2Cr_2O_7$などの酸化剤により酸化されます。

- **一級アルコール（C骨格の末端に−OH）** ⇒ **アルデヒド** ⇒ **カルボン酸**
- **二級アルコール（C骨格の連鎖部に−OH）** ⇒ **ケトン**
- **三級アルコール（C骨格の分枝部に−OH）** ⇒ **酸化されない**

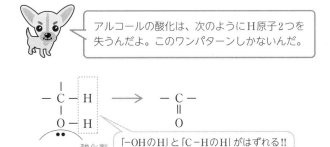

アルコールの酸化は、次のようにH原子2つを失うんだよ。このワンパターンしかないんだ。

「−OHのH」と「C−HのH」がはずれる!!

酸化剤

一級、二級、三級で違うんじゃないの？

生成物が異なるだけで、起こっていることは同じだよ。
一級はH原子を2つ失ってアルデヒドに。アルデヒドがカルボン酸になるのは「アルデヒドの」酸化だよ。
§3（➡ p.96）のアルデヒドで学ぶよ。
三級アルコールはC−HのHがないから酸化されないの。

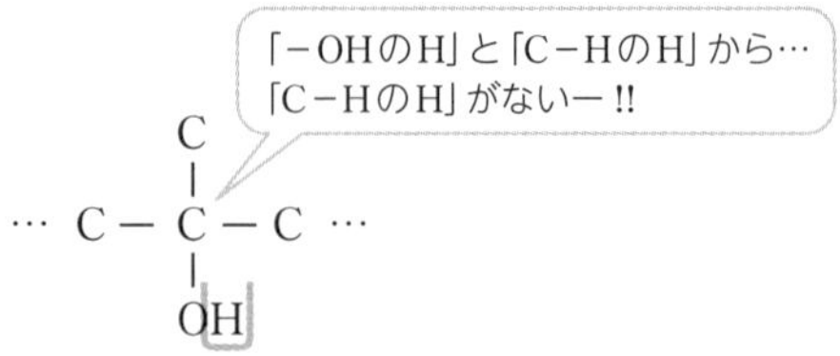

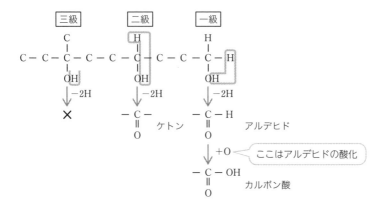

「−OHのH」と「C−HのH」から…
「C−HのH」がないー!!

まとめると、次のようになります。

ポイント

アルコール R−$\underline{OH}$ ヒドロキシ(ル)基

名 「〜ol」

反応 −OHの電離・非共有電子対が狙われる

Naと反応して H_2 発生 ⇒ 検 −OH

脱水：低温 ⇒ 分子間脱水（左右対称エーテル生成）

　　　高温 ⇒ 分子内脱水＊（アルケン生成）

　　　＊ザイツェフ則

　　　　H原子の少ないC原子からH原子脱離

酸化：一級 ⇒ アルデヒド ⇒ カルボン酸

　　　二級 ⇒ ケトン

　　　三級 ⇒ 酸化されない

②エーテル $R-O-R'$ エーテル結合

酸素原子に2つのアルキル基が結合した化合物がエーテルです。

アルコールが起こす反応を全て起こしません。

(1) 化合物名『RR′エーテル』

エーテル (ether) の化合物名は、通常慣用名で「RR′エーテル」となります。

アルキル基はアルファベット順に表記します。

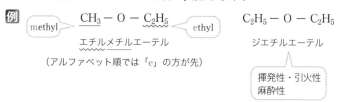

例

methyl — $CH_3 - O - C_2H_5$ — ethyl

エチルメチルエーテル

（アルファベット順では「e」の方が先）

$C_2H_5 - O - C_2H_5$

ジエチルエーテル

揮発性・引火性
麻酔性

ジエチルエーテルは代表的なエーテルで、「エーテル」とだけ書いてあったらジエチルエーテルのことだよ。

(2) 製法

（ⅰ）左右対称エーテル　⇒　アルコールの低温脱水 (➡ p.91)

応用 （ⅱ）左右非対称エーテル＆（ⅰ）で作れない左右対称エーテル

⇒　ウィリアムソン合成

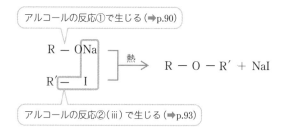

アルコールの反応①で生じる (➡ p.90)

$R - ONa$

$R' - I$

熱

$R - O - R' + NaI$

アルコールの反応②（ⅲ）で生じる (➡ p.93)

ポイント

エーテル R$-$O$-$R′ エーテル結合

名 「RR′エーテル」

　　ジエチルエーテル　⇒　揮発性・引火性・麻酔性

§3　アルデヒド・ケトン（カルボニル化合物）

　C骨格の末端に $\overset{-C-}{\underset{O}{\|}}$ を付けるとアルデヒド、末端以外に付けるとケトンになります。

$$C-C-C-H \qquad C-C-C$$
$$\overset{\|}{O} \qquad\qquad \overset{\|}{O}$$

末端（アルデヒド）　　　　末端以外（ケトン）

　よって、アルデヒドとケトンは異性体の関係にあり、構造決定の問題の中で一緒に登場する可能性が高いため、両者の違いに注目しながら反応を押さえていきましょう。

　一言でいうなら「アルデヒドには還元力があり、ケトンにはない」です。

①アルデヒド R$-$CHO ホルミル基（アルデヒド基）

　ホルミル基（アルデヒド基）をもつ化合物をアルデヒドといいます。

ホルミル基って$-$COHじゃないの？

本来そうかもしれないね。でも、そう書くとアルコールの$-$OHと区別するのが難しいから$-$CHOって書くんだよ。

(1) 化合物名『～アルデヒド』

アルデヒド (aldehyde) の化合物名は、基本的に慣用名になります。代表的なものは覚えましょう。

 例

$$H - \underset{\underset{O}{\|}}{C} - H \qquad CH_3 - \underset{\underset{O}{\|}}{C} - H$$

　　　　ホルムアルデヒド　　　　　アセトアルデヒド

水溶液はホルマリンで防腐剤

 命名法では『～al』になるんだよ。例えばC数2なら『エタナール』だよ。通常は上の慣用名になるから、ちゃんと頭に入れておこうね。

アセトアルデヒドの製法

実験室的製法

⇒　エタノールC_2H_5OHを硫酸酸性二クロム酸カリウム$K_2Cr_2O_7$水溶液で酸化 (➡§2①アルコール (2) 反応③、p.93)

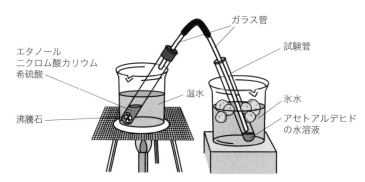

ガラス管
試験管
エタノール
二クロム酸カリウム
希硫酸
温水
氷水
アセトアルデヒド
の水溶液
沸騰石

工業的製法

⇒　エチレンC_2H_4を塩化パラジウム(Ⅱ)$PdCl_2$触媒を用いて空気酸化 (ヘキストワッカー法)

$$2\,CH_2 = CH_2 \; + \; O_2 \xrightarrow[(PdCl_2)]{} \quad 2CH_3CHO$$

(2) 反応

「アルデヒドには還元性がある」これが全てです。

アルデヒドRCHOは還元剤Ⓡとして働き、カルボン酸RCOOHに変化します。このときの半反応式を作ってみましょう。(➡理論化学編p.185)

$$Ⓡ \; RCHO + H_2O \longrightarrow RCOOH + 2H^+ + 2e^- \; \cdots\cdots ※1$$

アルデヒドは弱い還元剤です。

相手が強い酸化剤Ⓞ(例：硫酸酸性$KMnO_4$や硫酸酸性$K_2Cr_2O_7$)であれば、酸化還元反応はスムーズに進行します。

しかし、相手が弱い酸化剤(例：Ag^+やCu^{2+})だと酸化還元反応は進行しにくいため、※1式の反応を促進させる、すなわち平衡を右に移動させる工夫が必要になります。

その工夫とは、「塩基性にして生成物である酸H^+を取り除くこと」です。(➡理論化学編p.319)

平衡で勉強したルシャトリエの原理ね？

そうそう。平衡を右に移動させるには、生成物を取り除くんだよね。

それでは、アルデヒドの還元力を確認する反応を見ていきましょう。

弱い酸化剤(Ag^+やCu^{2+})を使用するため、塩基性の条件になっていることを意識してみましょう。

そして、塩基性下では生成物の酸が中和されるため、※1式の両辺に$3OH^-$を加えて次のようになります。

$$Ⓡ \; RCHO + 3OH^- \longrightarrow RCOO^- + 2H_2O + 2e^- \; \cdots\cdots ※2$$

①銀鏡反応^検

『アンモニア性硝酸銀水溶液を加えて加熱すると銀が析出』

$$R-\underset{\underset{O}{\|}}{C}-H \xrightarrow[{[Ag(NH_3)_2]^+}]{アンモニア性硝酸銀} R-\underset{\underset{O}{\|}}{C}-O^- + Ag\downarrow$$

中和により塩に ⇒ ※2式参照

使用する酸化剤は銀イオン Ag^+ で、弱い酸化剤です。よって塩基性条件にする必要があります。

通常、塩基性にすると Ag^+ は酸化銀(I) Ag_2O として沈殿してしまうため、錯イオンになるアンモニア NH_3 を使用しています。

析出した Ag は試験管の壁に張り付くよ。Ag は光の反射率が高いから、ガラスに張り付くと鏡みたいになるんだ。だから銀鏡反応っていうんだ。

応用 銀鏡反応のイオン反応式

(➡理論化学編 p.185)

◎ $[Ag(NH_3)_2]^+ + e^- \longrightarrow Ag + 2NH_3$ …… ※3

※2式 + ※3式 × 2 より

$RCHO + 2[Ag(NH_3)_2]^+ + 3OH^- \longrightarrow RCOO^- + 2Ag + 4NH_3 + 2H_2O$

②フェーリング液を還元する反応^検（以下、フェーリング反応）

『フェーリング液[*]を加えて加熱すると酸化銅(I) Cu_2O の赤色沈殿が析出』

＊硫酸銅(II) + 酒石酸ナトリウムカリウム + 水酸化ナトリウムの混合水溶液

$$R-\underset{\underset{O}{\|}}{C}-H \xrightarrow{フェーリング液} R-\underset{\underset{O}{\|}}{C}-O^- + Cu_2O\downarrow$$

使用するのは弱い酸化剤の銅イオン Cu^{2+} なので、塩基性条件にする必要が

あります。

　通常、塩基性にするとCu^{2+}は水酸化銅(Ⅱ)$Cu(OH)_2$として沈殿するため、酒石酸ナトリウムカリウム$CH(OH)(COOK)CH(OH)(COONa)$を使用しています。このとき、$Cu^{2+}$は酒石酸イオンと安定な錯体になっています。

フェーリング反応は糖類の定量に使うよ。

応用 フェーリング反応のイオン反応式

$$◎ \ 2Cu^{2+}+2OH^-+2e^- \longrightarrow Cu_2O+H_2O \ \cdots\cdots \ ※4$$

　※2式＋※4式より

$$RCHO+2Cu^{2+}+5OH^- \longrightarrow RCOO^-+Cu_2O+3H_2O$$

〈$-CHO$の検出法　⇒　**銀鏡反応・フェーリング反応**〉

📖 **ポイント**

アルデヒド$R-CHO$ホルミル基

　名　「〜アルデヒド」

　　　$HCHO$：ホルムアルデヒド

　　　CH_3CHO：アセトアルデヒド

　反応　還元性がある

　銀鏡反応　⇒　アンモニア性硝酸銀水溶液を加えて加熱すると銀が析出

　フェーリング反応　⇒　フェーリング液を加えて加熱するとCu_2Oの赤色沈殿析出

---

②ケトン R−C̲O̲−R′ ケトン基(カルボニル基)

ケトン基(カルボニル基)に2つのアルキル基が結合した化合物をケトンといいます。

(1) 化合物名『RR′ケトン』

ケトン(ketone)の化合物名は、基本的に慣用名の「RR′ケトン」です。エーテル同様、アルキル基はアルファベット順です。

また、命名法はアルカンの語尾を「〜one」にします。

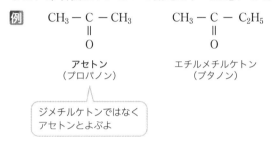

例
$$CH_3 - C - CH_3$$
$$\|$$
$$O$$

アセトン
(プロパノン)

$$CH_3 - C - C_2H_5$$
$$\|$$
$$O$$

エチルメチルケトン
(ブタノン)

ジメチルケトンではなく
アセトンとよぶよ

通常は慣用名だよ。アセトンは有機溶媒の1つとしても大切だよ。

(2) 反応

「ケトンには還元性がない」これが全てです。

構造決定で「銀鏡反応陰性」「フェーリング反応陰性」ときたら、「$-\overset{-C-}{\underset{O}{\|}}$は末端にはない」という情報を与えられているのです。すなわち、アルデヒドではなくケトンだということです。

▼ 構造決定における $-\overset{-C-}{\underset{O}{\|}}$ の位置情報

C数5のカルボニル化合物で考えてみましょう。

$$C - C - C - C - C$$

↑　　　↑　　　↑　　　↑　　　↑
(i)　　(ii)　　(iii)　　(ii)　　(i)

（ⅰ）末端　⇒　「銀鏡反応陽性」または「フェーリング反応陽性」

（ⅱ）末端から2番目　⇒　「ヨードホルム反応（➡下記）陽性」

（ⅲ）末端から3番目　⇒　「銀鏡反応またはフェーリング反応陰性」かつ「ヨー
　　　　　　　　　　　　　　ドホルム反応陰性」

　では、「$\overset{|}{\underset{O}{\overset{-C-}{\|}}}$ が末端から2番目」という位置情報になるヨードホルム反応を確認していきましょう。

ヨードホルム反応

　『**下記の構造をもつ化合物に、ヨウ素 I_2 と水酸化ナトリウム NaOH 水溶液を加えて加熱すると、ヨードホルム CHI_3 の黄色沈殿を生じる**』

（**R　⇒　H原子もしくはアルキル基**）

　上に記した2つの生成物は即答できるようになっておきましょう。

私、生成物はCHI_3しか答えられなかったわ。

それは危険だよ。構造決定の主役はRCOONaのほうなんだ。RCOONaの情報からRが決まるんだよ。

アルコールもヨードホルム反応陽性になるものがあるのね。

そうそう。I_2の酸化力でアルコールが酸化されてからのヨードホルム反応になるからなんだ。

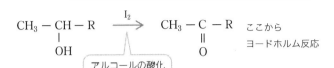

$$CH_3 - \underset{\underset{OH}{|}}{CH} - R \xrightarrow{I_2} CH_3 - \underset{\underset{O}{\|}}{C} - R \quad \begin{matrix} ここから \\ ヨードホルム反応 \end{matrix}$$

アルコールの酸化

▼ ヨードホルム反応の化学反応式

$$CH_3COR + 4NaOH + 3I_2 \longrightarrow CHI_3 + RCOONa + 3NaI + 3H_2O$$

反応式の意味が気になったらこのあとの、[応用]【ヨードホルム反応の進行過程】（➡ p.104）を参考にしてみてね。

手を動かして練習してみよう!!

次の中でヨードホルム反応陽性の化合物はいくつある？

①CH_3COOH

②$CH_3CH_2CH(CH_3)CH_2OH$

③$CH_3COCH_2CH_2CH_2COOH$

④$CH_3CH_2CH_2CH(OH)CH_3$

⑤$CH_2(OH)CH_2OH$

⑥$CH_3CH(OH)C_6H_5$

解：ヨードホルム反応陽性の構造を示性式にしてみましょう。

$$\overset{1}{CH_3} - \overset{2}{\underset{\underset{O}{\|}}{C}} - R \longrightarrow \begin{cases} \overset{1}{CH_3}\overset{2}{COR} & ③\ CH_3COCH_2CH_2CH_2COOH \\ \overset{2}{RCO}\overset{1}{CH_3} & 該当なし \end{cases}$$

$$\overset{1}{CH_3} - \overset{2}{\underset{\underset{OH}{|}}{CH}} - R \longrightarrow \begin{cases} \overset{1}{CH_3}\overset{2}{CH}(OH)R & ⑥\ CH_3CH(OH)C_6H_5 \\ \overset{2}{RCH}(OH)\overset{1}{CH_3} & ④\ CH_3CH_2CH_2CH(OH)CH_3 \end{cases}$$

以上より $\boxed{3つ}$ です。

ヨードホルム反応のポイントは「**末端から2番目**」です。

ヨードホルム反応ときたら？

末端から2番目!!

応用 【ヨードホルム反応の進行過程】

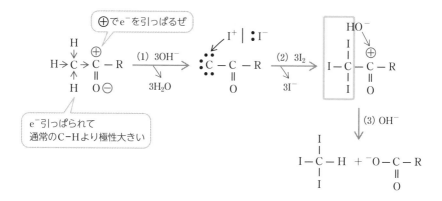

(1) ケトン基の隣の$-CH_3$は電離しやすく、塩基性にする（OH^-が存在する）
　　と電離
　　　⇒　H^+が3つ電離→OH^-が3つ必要、H_2Oが3つ生成
(2) 酸化剤のI_2（I^+I^-のI^+）が非共有電子対にやってくる
　　　⇒　非共有電子対3つ→I_2 3つ必要、I^-は3つのNaIに変化
(3) プラスに帯電しているケトン基のCにOH^-がやってきて、$RCOO^-$とCHI_3
　　にわかれる
　　　⇒　(1)も含めOH^-は4つ必要

　上の流れを見ると、ヨードホルム反応の化学反応式が理解できますね。

応用 【アルデヒドに還元力があり、ケトンに還元力がない理由】

　カルボン酸以降、よく使う内容が含まれます。可能な範囲で確認しておくことをお勧めします。

　炭素間二重結合C＝Cのπ結合には付加反応が起こります。

　同様に、炭素酸素間二重結合C＝Oのπ結合にも付加反応が起こります。

　付加するのはたった1つ。**H原子の隣に非共有電子対がある構造**です。

$$\begin{array}{c} \oplus\ \diagdown\!\!\diagup \\ \text{C} \\ \| \\ \ominus\ \text{O} \end{array} \quad \xleftarrow[\text{付加}]{} \quad \begin{array}{c} \text{:X} \\ | \\ \text{H} \end{array} \quad \longrightarrow \quad \begin{array}{c} | \\ -\text{C}-\text{X} \\ | \\ \text{O}-\text{H} \end{array}$$

　では、アルデヒドの反応を思い出してみましょう。

$$® \quad RCHO + H_2O \quad \longrightarrow \quad RCOOH + 2H^+ + 2e^-$$

　H_2OはH原子の隣に非共有電子対があるため、アルデヒドのC＝Oに付加します。

$$\begin{array}{c} \text{R}\quad\text{H} \\ \diagdown\!\!\diagup \\ \text{C} \\ \| \\ \text{O} \end{array} \quad \xleftarrow[\text{付加}]{} \quad \begin{array}{c} \text{:O}-\text{H} \\ | \\ \text{H} \end{array} \quad \longrightarrow \quad \begin{array}{c} \text{H} \\ | \\ \text{R}-\text{C}-\text{OH} \\ | \\ \text{OH} \end{array}$$

　付加した構造を見ると、アルコールですね。

　そうです。ここからはアルコールの酸化なんです。

　アルコールの酸化は「−OHのH」と「C−HのH」が外れてC＝Oになるんでしたね。

　そのようにしてみましょう。

これがアルデヒドの酸化です。

ではケトンはどうでしょうか。

C−HのHがありませんね。だから三級アルコールと同じように酸化されないのです。

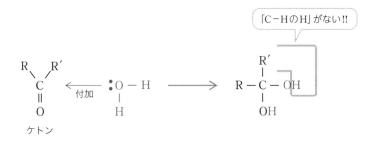

ここまで頑張ったみなさんは、ぜひ頭に入れておきましょう。

C=Oに付加するのは「**Hの隣に非共有電子対♪**」です。

ポイント

ケトン R−CO−R′ ケトン基

名 「RR′ケトン」

CH₃COCH₃：アセトン

反応 還元性がない、C=Oが末端ではない

ヨードホルム反応

⇒ 下記の構造をもつ化合物に I_2 と NaOH を加えて加熱すると CHI_3 と RCOONa 生成

$$CH_3 - \overset{2}{\underset{\underset{O}{\|}}{C}} - R \qquad CH_3 - \overset{2}{\underset{\underset{OH}{|}}{CH}} - R \quad (R はH or アルキル基)$$

---

§4 カルボン酸・エステル

C骨格の右末端に $\overset{-C-O-}{\underset{O}{\|}}$（この向きのまま）を付けるとカルボン酸、右末端以外に付けるとエステルになります。

よって、カルボン酸とエステルは異性体の関係にあります。

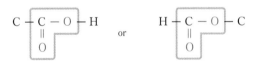

右末端（カルボン酸）　　　右末端以外（エステル）

また、カルボン酸からエステルが合成され、エステルを分解するとカルボン酸が生じます。

以上より、構造決定の問題の中で一緒に登場する可能性が高いため、両者の違いに注目しながら反応を押さえていきましょう。

一言でいうなら、カルボン酸は活性。エステルは不活性です。

①カルボン酸 R−COOH カルボキシ(ル)基

分子中にカルボキシ(ル)基−COOHをもつ化合物がカルボン酸です。

(1) 化合物名『～酸』

カルボン酸(carboxylic acid)の化合物名は、その所在などにまつわる慣用名です。

出会ったものから順に暗記していきましょう。

例
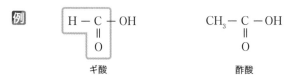

ギ酸　　　　　　　　　　　酢酸

ホルミル基あり ⇒ 還元性あり
（フェーリング反応は陰性）

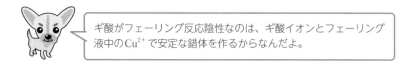

ギ酸がフェーリング反応陰性なのは、ギ酸イオンとフェーリング液中のCu^{2+}で安定な錯体を作るからなんだよ。

(2) 反応

−OHの隣にC=Oがあることがポイントです。

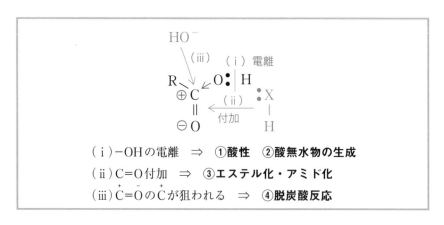

（ⅰ）−OHの電離　⇒　**①酸性　②酸無水物の生成**
（ⅱ）C=O付加　⇒　**③エステル化・アミド化**
（ⅲ）C=OのCが狙われる　⇒　**④脱炭酸反応**

①**酸性 (−SO₃H >−COOH > CO₂＋H₂O > OH)**

⇒ **NaHCO₃と反応検 (CO₂発生)**

−OHは極性が大きいですが、水に比べると電離していないため、アルコールは中性でした。

カルボン酸は−OHの隣に$\overset{+}{C}=\overset{-}{O}$があるため、−OHの極性がさらに大きく、水よりも電離しているため、酸性です。

ここで大切なのは「どのくらいの強さの酸なのか」です。

スルホン酸やフェノールは第5章の芳香族化合物で登場するよ。

有機化学で必要な酸の強弱

$$-SO_3H >-COOH > CO_2＋H_2O > \text{(C₆H₅)}OH$$

スルホン酸　カルボン酸　　炭酸　　　フェノール

カルボン酸は弱酸ですが、**炭酸 (CO₂＋H₂O) より強い**ということを徹底しましょう。

これを利用したのがカルボン酸の検出法です。

〈−COOHの検出法　⇒　**炭酸水素ナトリウムNaHCO₃と反応し二酸化炭素 CO₂発生**〉

$$RCOOH＋NaHCO_3 \overset{\longrightarrow}{\underset{\longleftarrow}{\times}} H_2O＋CO_2＋RCOONa \quad (弱酸遊離反応)$$

これ、アルキン (⇒ §1④、p.80) できよしくんが言ってた『強い方がH⁺を投げる。弱い方が受け取って遊離しちゃう』ってやつ？

そうそう!! RCOOHはCO₂＋H₂Oよりも強いから、炭酸水素イオンHCO₃⁻にH⁺を投げることができるんだ。HCO₃⁻はH⁺を受け取ってCO₂＋H₂Oになるよ。

$$RCOOH + NaHCO_3 \underset{\xleftarrow{\times}}{\xrightarrow{}} H_2O + CO_2 + RCOONa$$

H⁺

②酸無水物の生成

カルボキシ基が近くにあるとき、加熱によりカルボキシ基間で脱水が起こり、酸無水物を生成します。

$$2\,CH_3COOH \xrightarrow[\text{P}_4\text{O}_{10}]{\text{熱}}$$

O
‖
CH₃ − C
＼
　　O + H₂O
／
CH₃ − C
‖
O

無水酢酸

H ＼　　　／ H
　　C = C
HOOC ／　　　＼ COOH

マレイン酸

$$\xrightarrow{\text{熱}}$$

H ＼　　　／ H
　　C = C
O = C　　　C = O + H₂O
　　＼　　／
　　　O

無水マレイン酸

COOH
COOH

フタル酸

$$\xrightarrow{\text{熱}}$$

O
‖
C
＼
　O + H₂O
／
C
‖
O

無水フタル酸

原動力は−COOHの電離です。加熱により、仲間（−COOH）にH⁺を投げつけます。

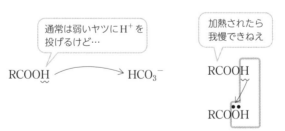

通常は弱いヤツにH⁺を投げるけど…

加熱されたら我慢できねえ

RCOOH ⟶ HCO₃⁻

RCOOH
RCOOH

マレイン酸やフタル酸は1つの分子の中に−COOHが隣り合わせでいるから、加熱により容易に脱水が起こるよ。酢酸は別々の分子を引き合わせてからの脱水だから、十酸化四リンP_4O_{10}に手伝ってもらってると考えてね。

③エステル化・アミド化

カルボン酸とアルコールと縮合してエステルを生じる反応をエステル化、カルボン酸とアミンが縮合してアミドを生じる反応をアミド化といいます。

$$R-\underset{\underset{O}{\|}}{C}-OH + HO-R' \underset{\longleftarrow}{\overset{H_2SO_4}{\longrightarrow}} R-\underset{\underset{O}{\|}}{C}-O-R' + H_2O$$

カルボン酸から−OH

エステル結合

$$R-\underset{\underset{O}{\|}}{C}-OH + \underset{\underset{H}{|}}{H-N}-R' \underset{\longleftarrow}{\overset{H_2SO_4}{\longrightarrow}} R-\underset{\underset{O}{\|}}{C}-\underset{\underset{H}{|}}{N}-R' + H_2O$$

アミド結合

−NH_2をもつものをアミンっていうのよ

このとき、**カルボン酸から−OH、アルコールやアミンからHが脱離**しています。

アミド化は納得できるけど、エステル化は違和感があるわ。カルボン酸からH、アルコールから−OHでも同じじゃない？

実験から立証されているんだ。酸素O原子の同位体の1つである^{18}Oからなるアルコールを使ってエステル化をおこなうと、エステルの中に^{18}Oが残るんだ。アルコールからO原子は外れていないってことだね。

$$RCOOH + R'^{18}OH \longrightarrow RCO^{18}OR' + H_2O$$

では、ここからエステル化・アミド化としっかり向き合います。

どちらも起こっていることは同じなので、エステル化に注目していきます。

エステル化の原動力はC=O付加です。**C=OにはẌ−H（Hの隣に非共有電子対♪）の構造が付加**します。

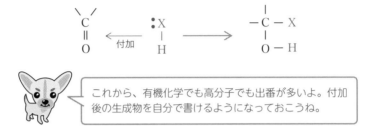

これから、有機化学でも高分子でも出番が多いよ。付加後の生成物を自分で書けるようになっておこうね。

では、これをエステル化で確認してみましょう。

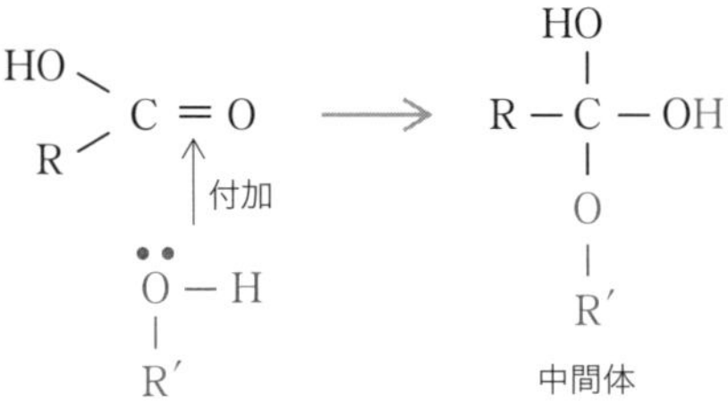

中間体が生成しましたね。

ここから、中間体のC−OHのH⁺が電離し、非共有電子対に乗っかります。

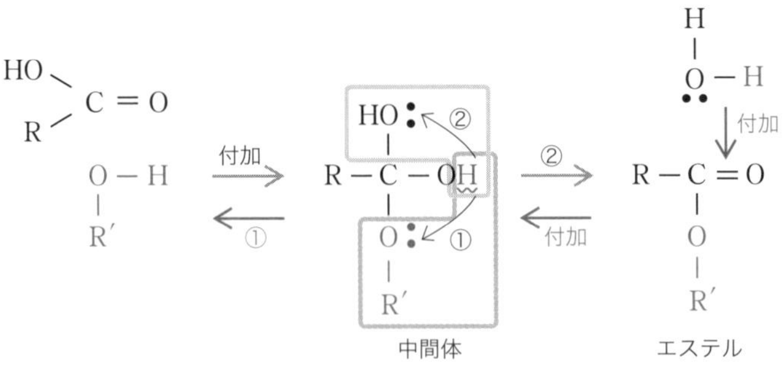

中間体

エステル

このとき、前図①・②の2パターンが進行します。

前図① ⇒ 元の RCOOH と R′OH に戻る

前図② ⇒ RCOOR′ と H_2O に変化（←C=O付加の組み合わせ）

⇒ C=O付加により中間体に戻る

（これを**エステルの加水分解**といいます。）

以上より、第1段階目も第2段階目も可逆反応になります。

ここにエステル化最大の問題点があるのです。収率が低いのです。

$$収率(\%) = \frac{実際に得られた生成物の物質量}{反応が完全に進行した場合の生成物の物質量} \times 100 \cdots\cdots ☆$$

では、収率を上げるにはどうしたらいいでしょう？

カルボン酸とアルコールを増やす！

生成物の水を取り除く！

反応物（カルボン酸とアルコール）を増やすと平衡は右に移動しますが、☆式の分母も大きくなってしまいますね。

収率を上げるには、「今ある材料で」生成物を増やす（平衡を右に移動させる）ことを考えます。

よって、『生成物の水を取り除く』が正解です。

実際には、もう1つ上の発想があります。

『生成物の水を取り除くのではなく、反応物から水を取り除いておく』すなわち『カルボン酸ではなく、酸無水物を使用する』のです。

$$CH_3COOH + C_2H_5OH \rightleftarrows CH_3COOC_2H_5 + H_2O$$
酢酸

$$(CH_3CO)_2O + C_2H_5OH \rightleftarrows CH_3COOC_2H_5 + CH_3COOH$$
無水酢酸

そうすることにより、水を作ろうとして平衡が右に移動します。

また、平衡を左に移動させないために、実験器具は徹底して乾燥させておきます。

応用【広義のエステル化】

広義のエステル化はオキソ酸（酸素O原子をもつ酸）とアルコールの縮合反応です。

オキソ酸 + R-OH ⟶ エステル + H₂O

例
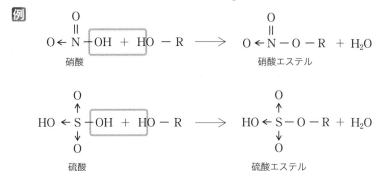

オキソ酸の構造って覚えるの？

無機化学で書き方を学ぶから、覚える必要はないよ。

そうなのね。構造決定で困らないかしら…。

通常の構造決定ではカルボン酸とアルコールからなるエステルが出題されるから大丈夫だよ。
硝酸エステルは『糖類（➡第6章§1、p.187）』で、硫酸エステルは『油脂（➡第6章§2、p.229）』で登場するよ。

④脱炭酸反応

カルボン酸のナトリウム塩と水酸化ナトリウムを混ぜて加熱するとアルカンが生成します。

$$RCOONa + NaOH \longrightarrow Na_2CO_3 + R-H$$

アルカン

$$R - \underset{\substack{\| \\ O}}{C} - ONa + NaOH$$

例 $CH_3COONa + NaOH \longrightarrow Na_2CO_3 + CH_4$（メタン$CH_4$の製法）

また、カルボン酸のカルシウム塩を、空気を絶って加熱（**乾留**といいます）すると、左右対称ケトンが生成します。

$$(RCOO)_2Ca \longrightarrow CaCO_3 + R - \underset{\substack{\| \\ O}}{C} - R$$

$$\begin{matrix} RCOO^- \\ RCOO^- \end{matrix} Ca^{2+}$$

左右対称ケトン

例 $(CH_3COO)_2Ca \longrightarrow CaCO_3 + CH_3COCH_3$ （アセトン CH_3COCH_3 の製法）

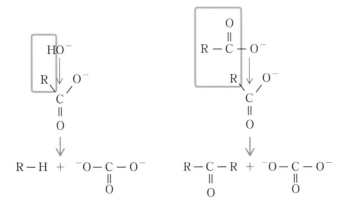

 ちなみに、ケトンでやった『ヨードホルム反応（➡ p.102）』の第3段階目がこれと同じだよ。

（➡ p.102）

///////////////////

📖 ポイント

カルボン酸 R−COOH カルボキシ（ル）基

名 「〜酸」基本的に暗記

　　$HCOOH$：ギ酸（還元性あり）　　CH_3COOH：酢酸

反応 H^+ の電離・$C=O$ 付加・$\overset{+}{C}=\overset{-}{O}$ の $\overset{+}{C}$ が狙われる

　　酸性　⇒　炭酸より強い酸

　　　　　⇒　$NaHCO_3$ と反応して CO_2 発生

　　　　　（カルボン酸の検出法）

　　酸無水物の生成　⇒　−COOH が近くにあると加熱に

　　　　　　　　　　　　　より容易に脱水

　　エステル化・アミド化　⇒　カルボン酸とアルコール、

　　　　　　　　　　　　　カルボン酸とアミン

　　　　　　　　　　　　　酸無水物使用で収率↑

②エステル $R-COO-R'$ エステル結合

カルボン酸とアルコールが縮合して生じる、エステル結合をもつ物質をエステルといいます。

(1) 化合物名『〜酸 R' 』

エステル (ester) の化合物名は「〜酸 R' 」です。

「〜酸」の部分はカルボン酸RCOOHの化合物名です。

例

```
            エチル基                          ビニル基

CH₃─ C ─ O ─ C₂H₅       CH₃─ C ─ O ─ CH ＝ CH₂
     ‖                        ‖
     O                        O

   酢酸エチル                    酢酸ビニル
```

(2) 反応

エステルは不活性であるため、ほとんど反応しません。

唯一起こすのが、エステル化の逆反応に相当する加水分解です（➡§4①カルボン酸 (2) 反応③、p.111）。

```
        R    O ─ R'
         ＼ ／
          C         ←─────    ：O ─ H
          ‖          付加           │
          O                         H

  C＝OにH₂O付加  ⇒  加水分解
```

加水分解

エステルに水と少量の酸を加えて加熱するとカルボン酸とアルコールになります。これをエステルの加水分解といいます。

一言でいうなら、エステル化の逆反応です。

$$\text{RCOOR}' + \text{H}_2\text{O} \xrightleftharpoons[\text{エステル化}]{\text{加水分解}} \text{RCOOH} + \text{R}'\text{OH}$$

エステル化は可逆反応で収率が低いことが問題でしたね。

それは、逆反応の加水分解に注目しても同じです。

よって、加水分解を促進させるために生成物を取り除きます。

水酸化ナトリウム NaOH などの塩基を加えて加熱すると、生成物のカルボン酸が中和により取り除かれるため、加水分解が促進されます。

このような塩基を用いた加水分解を**けん化**といいます。

$$
\begin{array}{ll}
\text{RCOOR}' + \text{H}_2\text{O} & \rightleftharpoons \quad \text{RCOOH} \ + \ \text{R}'\text{OH} \\
+)\ \text{RCOOH} + \text{NaOH} & \longrightarrow \quad \text{RCOONa} + \text{H}_2\text{O} \\
\hline
\textbf{RCOOR}' + \textbf{NaOH} & \longrightarrow \quad \textbf{RCOONa} + \textbf{R}'\textbf{OH} \\
& \quad\ \ \text{けん化}
\end{array}
$$

通常の加水分解と違い、ほぼ不可逆です。

それは、中和反応が完全に進行するためです。

水酸化ナトリウムを加えて『加熱』ときたら、けん化だよ。
『水酸化ナトリウム水溶液を加えて加熱するとゆっくり溶けて均一な溶液になりました』っていう表現でよく見るよ。

///////////////

📖 ポイント

エステル R－COO－R′ エステル結合

名 「～酸 R′」

反応 **C＝O に H₂O 付加**

加水分解 ⇒ **エステル化の逆反応**

塩基を用いて加水分解することで不可逆反応（けん化）。

芳香族化合物

ここからはベンゼン環をもつ芳香族化合物を確認していきます。

脂肪族同様、反応をしっかり頭に入れることが一番です。

芳香族全体をスムーズに理解するため、ベンゼン環の本当の姿からしっかり確認していきましょう。

第5章の目標

➡ ベンゼン環の本当の姿を知ろう。

➡ 官能基ごとに反応名が言えるようになろう。

➡ 芳香族の分離をマスターしよう。

➡ 構造決定の進め方を押さえよう。

§1 ベンゼン ⬡・アルキルベンゼン C_nH_m

ベンゼン環は、略記⬡から、C–CとC=Cの繰り返しでできている環状構造のように見えます。

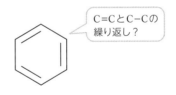

C=CとC–Cの繰り返し？

このような構造を唱えたのがケクレ（ドイツの有機化学者）で、今でもこの略記を使われています。このような構造だと考えると、扱いやすいからです。

しかし、本当は違います。

本当の構造と向き合ってみましょう。

▼ ベンゼン環の本当の姿

π結合の本当の姿は以下の状態でしたね（➡第4章§1③、p.71）。

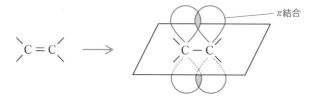

では、π結合の本当の姿を使ってベンゼンの略記を表すと、どうなるでしょうか。

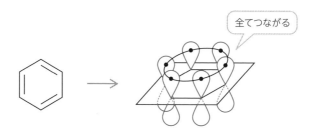

π結合の空間が全てつながることがわかりますね。

よって、π結合の電子はこの空間を自由に動き回っていて局在していません（非局在化）。

以上より、ベンゼンの結合は『**1.5結合** ×6』と表現されます。

このことは次の事実から確認できます。

1) ベンゼン環が正六角形（一辺がC−CとC=Cの間の長さ）である

　⇒　もしC−CとC=Cの繰り返しなら、正六角形ではない

　　　（C−C > C=C　➡ 第1章§2、p.11）

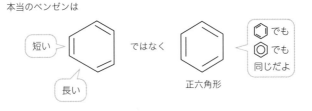

2) 付加反応より置換反応の方が起こりやすい

⇒　もしπ結合の電子が局在していたら、アルケンのように付加反応が容易に起こる

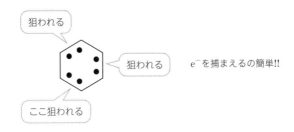

実際はπ結合の電子が自由に動き回るため、電子が捕まりにくい*のです。

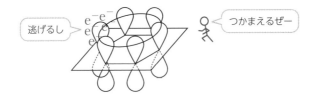

以上より、ベンゼン環は極めて安定です。

3) 二置換体が3種類しかない

⇒　もしC−CとC=Cの繰り返しなら、二置換体は4種類

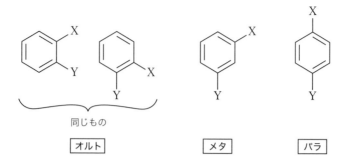

同じもの

オルト　　　メタ　　　パラ

＊共役二重結合

　π結合の電子が捕まりにくく安定なのは、ベンゼン環だけではありません。

　C＝Cが2つ以上ある場合、C＝Cの間にC−Cが入った状態（共役二重結合）が安定なのです。

$$C = C - C = C \longrightarrow C - C - C - C$$

空間が全てつながる

　π結合の空間が全てつながり、誰かに電子を狙われても、逃げることができるからです。

　共役二重結合の電子を捕まえる最も有効な方法は、両末端から挟み撃ちすることです。

　すなわち、両末端からの付加が一番起こりやすいのです。

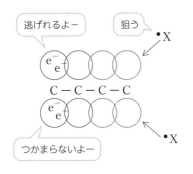

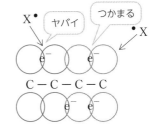

C=Cを2つ以上もつ化合物の構造決定では、共役二重結合になっているものが解答になりやすいよ。
そうならなかったときは「間違っているかもしれない」と思って見直してみるといいよ。

$$C = C - C = C - C \qquad C = C = C - C - C$$

これはあり　　　　　　あやしい

そして、共役二重結合は高分子の『ゴム』でも登場するよ。

　安定な共役二重結合の究極の姿がベンゼン環です。

　ですから電子対たちは、ベンゼン環の共役二重結合の仲間入りすることを人生の目標にしています。

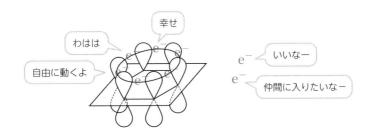

　そのことを頭において芳香族の反応と向き合うようにしましょう。

ベンゼンは空気中で燃えるとすすが多い。炭化水素だから水に溶けない。製法はアセチレンの三分子重合。すべてアルキン（➡第4章§1④、p.80）で確認したよ。覚えてた？

(1) 化合物名

基本的に慣用名なので、出てきたものから順に頭に入れていきましょう。

| トルエン | o-キシレン | エチルベンゼン | スチレン | ナフタレン |

(2) 反応

酸化されやすい

（ⅰ）X^+

置き換わる

$\cdots\cdots - \overset{\text{(ⅲ)}}{C}$ ── H

→ H^+

くっつく （ⅱ）

$X^\bullet$

（ⅰ）H^+ と X^+ が置き換わる ⇒ **①置換反応**

（ⅱ）π結合に何か（ラジカル $X^\bullet$）がくっつく ⇒ **②付加反応・③酸化開裂**

（ⅲ）アルキル基の酸化（ベンゼン環に直結している C が狙われやすい）

⇒ **④アルキルベンゼンの酸化**

①置換反応

非金属元素の陽イオン X^+ と H^+ が置き換わります。

$$\text{（ベンゼン）} - H \quad + \quad \underset{\text{非金属}}{X^+} \quad \longrightarrow \quad \text{（ベンゼン）} - X \quad + \quad H^+$$

非金属元素って陰性でしょ？ 陽イオンになるの？

工夫すればなるんだよ。陰性の元素が陽イオンになっているから、強烈な陽イオンだって考えてね。
強烈な陽イオンが、H^+ を追い出して入ってくるイメージだよ。

▼ 非金属の陽イオン X^+ の作り方

非金属の陽イオン X^+ は次のようにして作ります。

例1 塩素 Cl_2 ＋ 塩化鉄 (Ⅲ) $FeCl_3$

　　　⇒　$FeCl_3$ の Fe はオクテットでないため、Cl_2 の非共有電子対を引っ張る

　　　⇒　これにより、Cl^+ が生成（➡ハロゲン化、p.126）

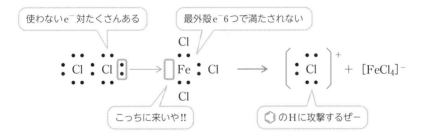

例2 濃硝酸 HNO_3 ＋ 濃硫酸 H_2SO_4（混酸）

　　　⇒　HNO_3 より H_2SO_4 の方が強い酸（電離定数が大きい）ので、H_2SO_4 が HNO_3 に H^+ を投げつける

　　　⇒　NO_2^+ が生成（➡ニトロ化、p.126）

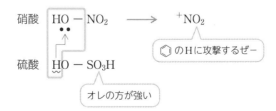

では、具体的に置換反応を確認していきましょう。

ハロゲン化

ベンゼンに鉄 Fe または塩化鉄 (Ⅲ) FeCl$_3$ を加えて塩素を通じる。

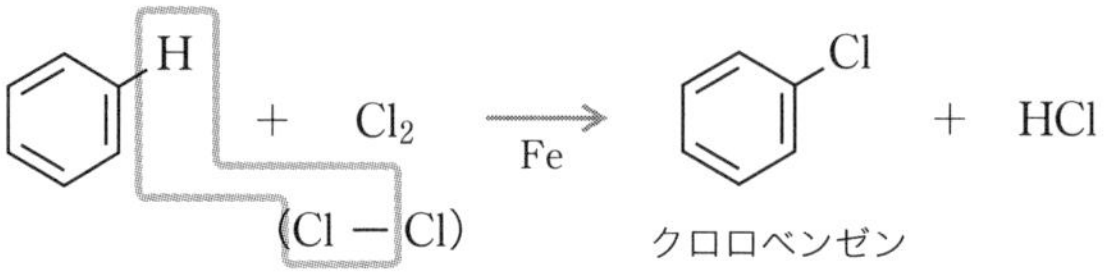

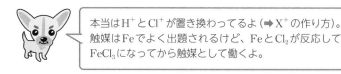

本当は H$^+$ と Cl$^+$ が置き換わってるよ (➡ X$^+$ の作り方)。
触媒は Fe でよく出題されるけど、Fe と Cl$_2$ が反応して
FeCl$_3$ になってから触媒として働くよ。

ニトロ化

ベンゼンに**混酸**（濃硝酸と濃硫酸の混合物）を加えて、**約60℃**で反応させる。

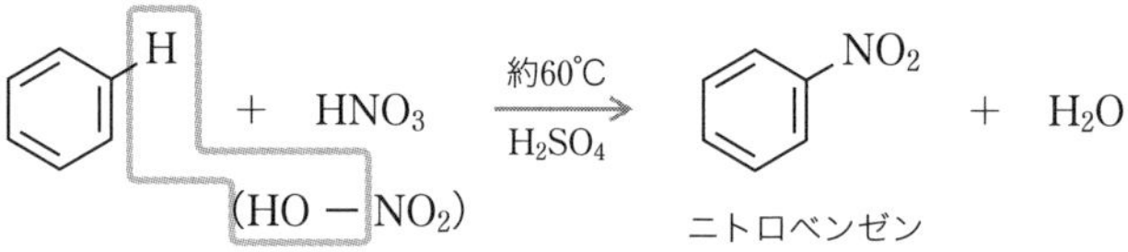

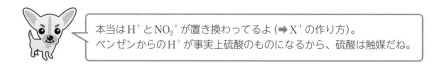

本当は H$^+$ と NO$_2$$^+$ が置き換わってるよ (➡ X$^+$ の作り方)。
ベンゼンからの H$^+$ が事実上硫酸のものになるから、硫酸は触媒だね。

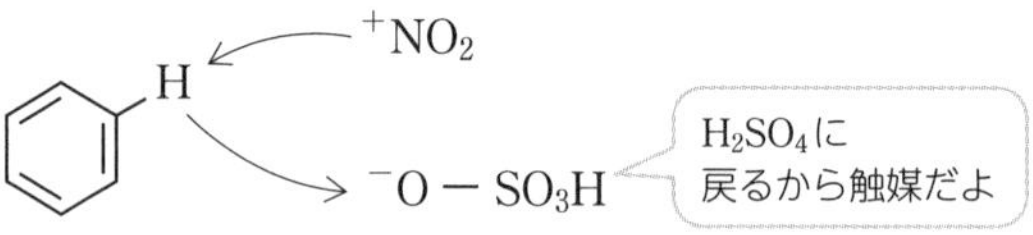

H$_2$SO$_4$ に
戻るから触媒だよ

▼ 約60℃で反応させる理由

温度を上げすぎると、さらにニトロ化が進行し、*m*-ジニトロベンゼンが生じるため、約60℃に保っておこないます。

NO₂

m-ジニトロベンゼン
（爆発性）

NO₂

ニトロ基が2つ以上ある化合物は、爆発性をもつものが多く危険なんだよ。

スルホン化

ベンゼンに濃硫酸H_2SO_4を加えて加熱する。

$$H + H_2SO_4 \longrightarrow SO_3H + H_2O$$

$(HO - SO_3H)$

ベンゼンスルホン酸

本当はH^+とSO_3H^+が置き換わってるよ。

SO_3H^+はどうやって作るの？

考え方は混酸と同じだよ。通常、H_2SO_4は自分より弱いものにH^+を投げつけるけど、相手がいない状態で加熱すると我慢できずに、仲間に投げちゃうんだ。

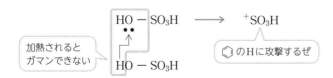

$$HO - SO_3H \longrightarrow {}^+SO_3H$$

加熱されるとガマンできない

$HO - SO_3H$

⬡のHに攻撃するぜ

3つの置換反応を確認しましたが、「ハロゲン化」や「スルホン化」といった反応名が付いているものは、置換反応のほんの一部にすぎません。

　ベンゼンに非金属の陽イオン X^+ が近づくと置換反応が起こります。

　そのことを頭に入れてこれから先の反応と向き合っていきましょう。

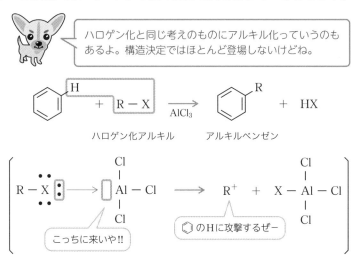

ハロゲン化アルキル　　　アルキルベンゼン

②付加反応

　π結合をもっているため、アルケンやアルキン同様に付加反応が起こります。

　しかし、極めて起こりにくく、付加するのはラジカル $X^\bullet$ (➡第4章§1①(2)、p.65) のみです。

ヘキサクロロシクロヘキサン

シクロヘキサン

塩素ラジカルのCl•の作り方、覚えてる？

アルカンでやったわ。光(UV)照射ね。(➡第4章§1①(2)、p.65)

正解。じゃあ、水素ラジカルH•は？

アルケンでやったわ。NiやPt触媒。(➡第4章§1③(2)、p.73)

すごいね！　今回の条件、全く同じだよね。

ほんとだ。条件は覚えなくてもいいわね。

　π結合があるにも関わらず付加反応が起こりにくいのは、電子が動き回ってラジカルX•から逃げることができるからです（➡第5章§1、p.119）。

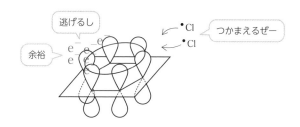

よって、1分子のみの付加は進行しません。**3分子同時が条件**です。

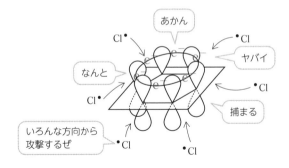

③酸化開裂

アルケンの酸化開裂と同様に、酸化剤によって酸化されます。

ベンゼンを、加熱しながら<u>酸化バナジウム(V) V_2O_5 存在下での空気酸化す</u><u>ると、酸無水物が生じます</u>。

無水マレイン酸

ナフタレン

無水フタル酸

アルケンの酸化開裂で使用した過マンガン酸カリウム $KMnO_4$（酸性条件下）を使用すると、π結合3つ分、全ての酸化開裂が進行します。

今回の酸化開裂はπ結合2つ分にし、酸無水物を取り出すことが目的だと考えてください。

　そのための酸化剤として適切なのが、酸化バナジウム(V)V_2O_5存在下での空気酸化です。

　では、アルケンの酸化開裂と同じように(➡第4章§1③(2)③、p.78)、ベンゼンを酸化開裂させていきましょう。

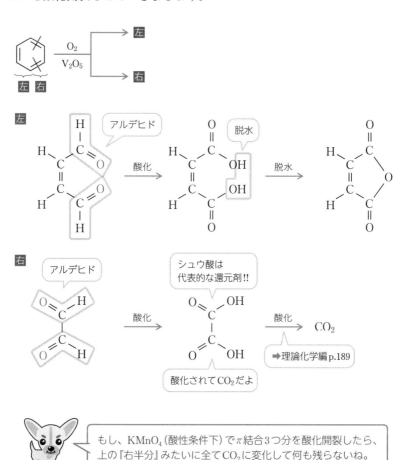

もし、$KMnO_4$(酸性条件下)でπ結合3つ分を酸化開裂したら、上の『右半分』みたいに全てCO_2に変化して何も残らないね。

CO₂ ← シュウ酸からのCO₂

→ CO₂

何も残らんがな

CO₂

酸化開裂の本当の姿は酸化剤がラジカルになって付加しているよ。よかったらアルケンに戻って確認してみてね。

④アルキルベンゼンの酸化

アルキルベンゼンに過マンガン酸カリウム$KMnO_4$（**中性条件下**）*を加えて加熱すると、アルキル基が酸化されます。

ただし、一番狙われやすいのは、ベンゼン環に直結しているC原子です。

ベンゼンに直結しているC原子が酸化されてカルボキシ基−COOHに変化します。

KMnO₄ → COOH

安息香酸

KMnO₄ → COOH / COOH

フタル酸

ベンゼン環に直結していないC原子はどうなるの？

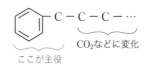

CO_2などに変化しているよ。あくまでベンゼン環をもっている化合物が主役になるから、構造決定でも考える必要はないよ。

C － C － C － …

ここが主役　　　CO_2などに変化

＊中性条件下で反応させても、反応の進行とともに塩基性に変化するため、実際には、－COOHは中和により塩に変化しています。

例 トルエン

中和されるよ

Ⓡベンゼン環-CH_3 ＋ $2H_2O$ ⟶ ベンゼン環-$\underline{COOH}$ ＋ $\underline{6H^+}$ ＋ $6e^-$

Ⓞ MnO_4^- ＋ $2H_2O$ ＋ $3e^-$ ⟶ MnO_2 ＋ $\underline{4OH^-}$ （×2）

＋)

ベンゼン環-CH_3 ＋ $2MnO_4^-$ ＋ $\not{6}H_2O$ ⟶ ベンゼン環-COO^- ＋ $2MnO_2$ ＋ OH^- ＋ $\not{7}H_2O$

両辺にK^+×2

ベンゼン環-CH_3 ＋ $2KMnO_4$ ⟶ ベンゼン環-$COOK$ ＋ $2MnO_2$ ＋ KOH ＋ H_2O

（➡理論化学編 p.185）

ベンゼン ⬡ ・アルキルベンゼン ⬡C_nH_m

名 慣用名を1つずつ頭に入れていく

反応 H^+ と非金属の陽イオンが置きかわる・π結合にラジカル付加・アルキル基が酸化

置換反応 ⇒ ハロゲン化・ニトロ化（温度注意）・スルホン化が代表例

付加反応 ⇒ 起こりにくい。付加するのはラジカルのみ。3分子同時が条件。

酸化開裂 ⇒ V_2O_5 を用いて空気酸化すると、酸無水物が生成。

アルキルベンゼンの酸化

⇒ $KMnO_4$（中性条件下）で酸化すると芳香族カルボン酸生成。

---

§2 フェノール類 ⬡^{OH} フェノール性ヒドロキシ(ル)基

　ベンゼン環にヒドロキシ(ル)基が直結しているとき、「**フェノール性**ヒドロキシ(ル)基」とよび、アルコールのヒドロキシ(ル)基と区別していきます。

　フェノール性ヒドロキシ(ル)基をもつ化合物を総称して「フェノール類」といいます。

　ここでは、フェノールに注目して確認していきましょう。

どうしてアルコールと区別するの？

> アルコールとフェノールは性質が違うんだよ。同じヒドロキシ（ル）基でも、アルコールは中性、フェノールは酸性なんだ。

(1) 化合物名

基本的に慣用名なので、出てきたものから順に頭に入れていきましょう。

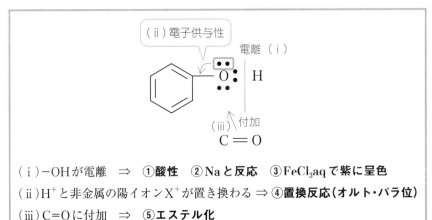

フェノール　　o-クレゾール　　サリチル酸　　　　　　　ピクリン酸　　　　　　2-ナフトール
（2,4,6-トリニトロフェノール）

(2) 反応

（ⅰ）−OHが電離　⇒　**①酸性**　**②Naと反応**　**③FeCl$_3$aqで紫に呈色**

（ⅱ）H$^+$と非金属の陽イオンX$^+$が置き換わる ⇒ **④置換反応（オルト・パラ位）**

（ⅲ）C=Oに付加　⇒　**⑤エステル化**

▼ 電子供与性

反応の理解を深めるために、ぜひ確認しておきましょう。

ベンゼン環は共役二重結合の究極版で、電子が自由に動き回り攻撃されにくいため、電子対たちの憧れです。電子対として生まれてきたなら、一度はベンゼンの共役二重結合の仲間入りをしたいのです。

　ベンゼン環の隣にいる非共有電子対は、その欲求を抑え切れません。

　共役二重結合の仲間入りを目指し、電子対はベンゼンの方に移動し、事実上二重結合のような状態になります。これを**電子供与性**といいます。

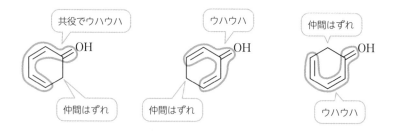

　<u>電子を供与する目的は、共役二重結合の仲間入りです。</u>

　では、仲間入りさせてみましょう。

　ベンゼン環とフェノール性ヒドロキシ（ル）基の間の結合を含めて共役二重結合を作ると、次のような状態が作れます。

　ここで、共役二重結合から外れてしまったC原子がいますね。そのC原子の電子は、空間がつながっていないため、局在化することになります。

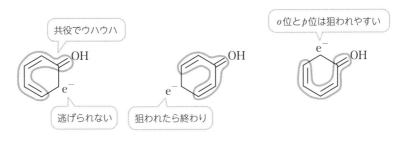

以上より、オルト位とパラ位で反応が進行しやすくなります。
これを**オルト・パラ配向性**といいます。

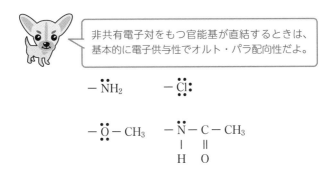

非共有電子対をもつ官能基が直結するときは、基本的に電子供与性でオルト・パラ配向性だよ。

$$- \overset{..}{N}H_2 \qquad - \overset{..}{\underset{..}{C}l}:$$

$$- \overset{..}{\underset{..}{O}} - CH_3 \qquad - \overset{..}{N} - C - CH_3$$
$$\qquad\qquad\qquad\quad | \quad\ ||$$
$$\qquad\qquad\qquad\ H \quad\ O$$

①酸性 $(-SO_3H > -COOH > CO_2+H_2O > $ $)$

フェノール性ヒドロキシ（ル）基は電子供与性であるため、電子がベンゼン環の方に移動しています。

これにより、通常よりも$-OH$の極性が大きくなり、アルコールに比べ電離しやすくなっています。水より電離しやすいため、酸性（ただし非常に弱い）です。

炭酸（CO_2+H_2O）より弱い酸であるため、炭酸水素ナトリウム $NaHCO_3$ とは反応しません。（➡第4章 §4①(2)①、p.109）

しかし、逆反応は進行します（弱酸遊離反応➡無機化学編 p.35）。

<img OH> + $NaHCO_3$ ⇄ H_2O + CO_2 + <img ONa>

ナトリウムフェノキシド

②ナトリウム Na と反応[検]（H_2 発生）（➡第4章 § 2 ① (2) ①、p.90）

$$2 \quad \text{〔ベンゼン環〕OH} \quad + \quad 2Na \quad \longrightarrow \quad 2 \quad \text{〔ベンゼン環〕ONa} \quad + \quad H_2$$

〈－OHの検出法 ⇒ Naと反応してH_2発生〉

③塩化鉄（Ⅲ）$FeCl_3$ 水溶液で紫に呈色[検]

$FeCl_3 aq$ と反応して紫*に呈色します。

*電離により生じるフェノキシドイオン 〔ベンゼン環〕O^- と Fe^{3+} からなる錯イオンの色

〈フェノール性－OHの検出法 ⇒ $FeCl_3 aq$ で紫に呈色〉

④置換反応（オルト位・パラ位）

フェノールのベンゼン環でも置換反応は進行します。

ただし、フェノール性ヒドロキシ（ル）基が電子供与性であるため、オルト位とパラ位で起こります。

$$\text{〔OH-ベンゼン環〕} \quad + \quad 3Br_2 \quad \longrightarrow \quad \text{〔Br,OH,Br,Br-ベンゼン環〕} \quad + \quad 3HBr$$

2,4,6-トリブロモフェノール（白↓）

生成物の白色沈殿の質量を測定することで、フェノールの定量ができます。

（白色沈殿の mol ＝ フェノールの mol）

> ベンゼンのハロゲン化は触媒が必要だったけど、この反応は触媒がなくても進行するよ。
> そのくらい、オルト位とパラ位の反応性が高いんだね。

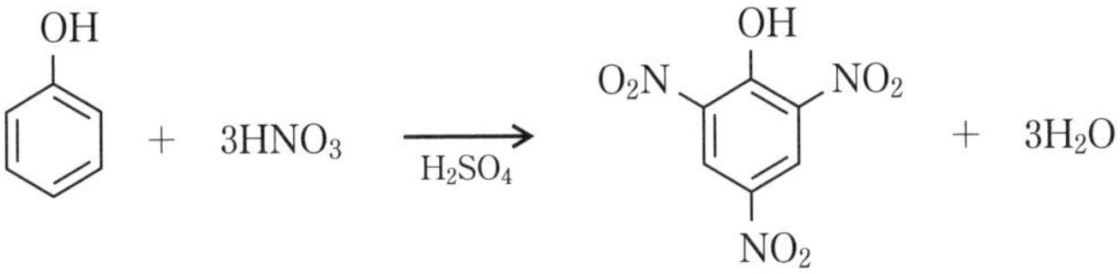

ピクリン酸
（強酸・爆発性）

　オルト位とパラ位の反応性が高いため、ニトロ化もベンゼンより進行しやすく、触媒の濃硫酸がなくても進行します。ただし、その場合の生成物は、ニトロフェノールやジニトロフェノールです。

ニトロ基が2つ以上あるから爆発性？（➡第5章§1(2)①、p.124）

そうだよ。じゃあ、強酸になる理由をゆっくり説明してみるよ。

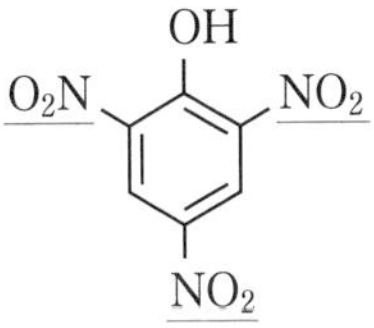

−NO₂が3つもあるから爆発性
加熱や衝撃で爆発するよ

ニトロ基には非共有電子対がないから、電子を供与することはできないんだ。
でも、ベンゼンの共役二重結合の仲間入りしたい。
だから、ベンゼンの電子を引っ張って、共役二重結合の仲間入りしようとするんだ。
これを、電子吸引性っていうんだ。

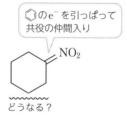

どうなる？

電子吸引性のニトロ基が3つもあるから、ベンゼンの電子はかなり引っ張られるね。それによって、−OHの極性がとても大きくなるんだよ。だから強酸なんだ。

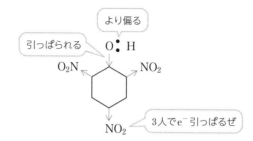

理解できたわ。電子吸引性も、配向性に関わるの？

関わるよ。電子供与性がオルト・パラ配向性なのに対して、電子吸引性はメタ配向性だよ。
電子を吸い取られたから、共役二重結合から外れたC原子は電子不足、すなわちプラスに帯電するんだ。

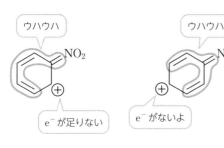

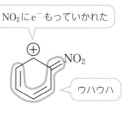

電子不足の所を攻撃対象にしないよね。
だからメタ位が狙われやすくなるんだ。

だからベンゼンのニトロ化で温度が高い場合の
生成物が『m-ジニトロベンゼン』だったのね。
（➡第5章§1(2)①、p.124）

⑤エステル化

　アルコールのヒドロキシ（ル）基同様エステル化が進行しますが、非常に反応性が低いため、エステル化を促進させる工夫が必要になります。

　その方法は、アルコール使用のエステル化と同じで、カルボン酸ではなく酸無水物を使用することです（➡第4章§4①(2)③、p.111）。

　酸無水物相手でないと、フェノールのエステル化は進行しません。

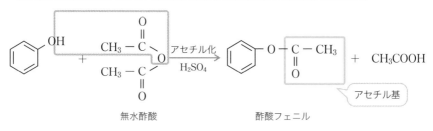

エステルの名前は『〜酸R′』だったわね。
酢酸フェニルのフェニルがR′に相当するんだろうけど、
フェニルってなあに？

ベンゼン環を官能基として扱うときは『フェニル基』っていうんだよ。

ところで、どうしてフェノールはエステル化の反応性が低いの？

エステル化はC=O付加が原動力だったね（➡第4章§4①(2)③、p.111）。C=O付加は『Hの隣に非共有電子対♪』のときに進行するよね。フェノールはHの隣の非共有電子対が電子供与性でベンゼンの方にパタパタ移動しているよ。これじゃ、C=O付加起こりにくいよね。

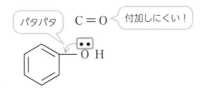

//////////////////////

🖙 ポイント

フェノール ⌬OH

名　慣用名を1つずつ頭に入れていく

反応　−OH の電離・電子供与性・C=O付加

酸性 ⇒ 炭酸より弱い酸性

Na と反応（H_2発生）⇒ −OHの検出法（➡アルコール）

$FeCl_3$aq で紫に呈色 ⇒ フェノール性−OHの検出法

置換反応 ⇒ オルト位とパラ位で進行しやすい

（オルト・パラ配向性）

エステル化 ⇒ 反応性が低いため酸無水物使用

(3) 製法

　次のように、一段階でベンゼンからフェノールを合成することができれば、フェノールの製法は簡単にクリアできますね。ただの置換反応です。

しかし、この置換反応でフェノールを作ることはできません。

それは、誰も ^+OH を作ることができないからです。

$$^+O \: \vdots \: H \quad \text{作ることができない}$$

e^- を引き付けるのに＋に帯電させるのは困難

H$^+$ と OH$^-$ で置換できないの？

陽イオンと陰イオンは置き換わらないよ。化学反応式にすると、左辺と右辺で電荷が一致しないね。

そもそも＋と－は置き換わらない

電荷：－1　　　　　　　　　　電荷：＋1

一致しない

よって、フェノールはいくつかの段階を経て合成されます。

その中の1つは次のようなものです。

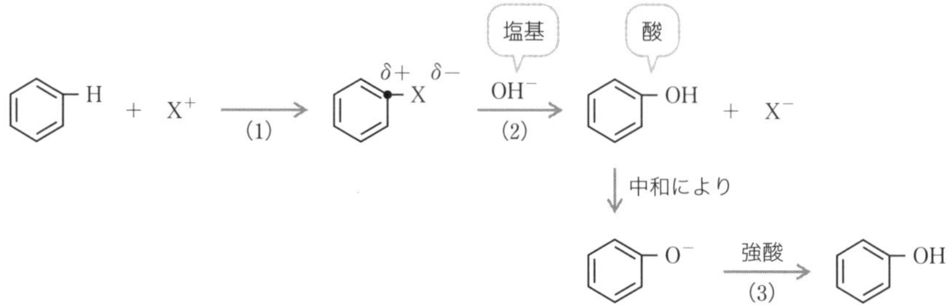

(1) ベンゼンと非金属の陽イオン X^+ で置換 (➡第5章 §1 (2) ①、p.124)

⇒　極性により X がマイナスに帯電

(2) X^- と OH^- を置換

⇒　生じるフェノールは塩基 OH^- の存在により中和されて塩になる

(3) フェノールよりも強い酸で弱酸のフェノールを遊離させる

このような段階を経てフェノールは合成されます。

では、具体的に確認していきましょう。

①ベンゼンスルホン酸ナトリウムのアルカリ融解

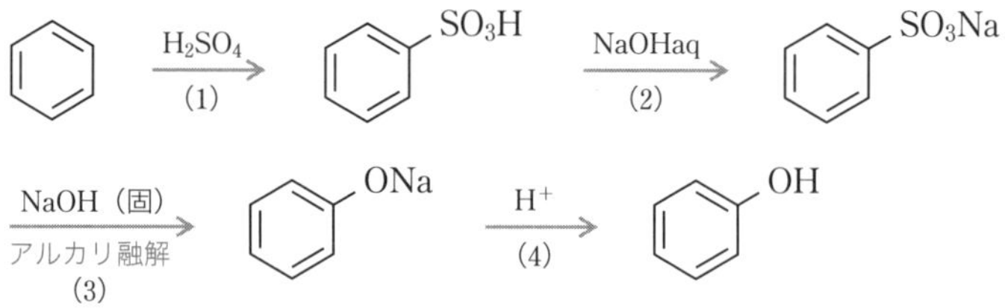

(1) ベンゼンのスルホン化 (➡第5章 §1 (2) ①、p.124)

(2) ベンゼンスルホン酸を水酸化ナトリウム水溶液で中和

⇒　ベンゼンの置換基が完全にマイナス ($-SO_3^-$) に

(3) 固体の水酸化ナトリウムと一緒に加熱し融解させる (アルカリ融解)

⇒　SO_3^- と OH^- が置換されてフェノールになるが、水酸化ナトリウムによって中和され、ナトリウムフェノキシドに変化

(4) 強酸を加えて弱酸のフェノールを遊離させる（弱酸遊離反応）

②クロロベンゼンの加水分解

(1) ベンゼンのハロゲン化（⇒第5章§1(2)①、p.124）

→　極性によりClはマイナスに帯電

(2) 高温高圧で水酸化ナトリウム水溶液と反応させる

⇒　Cl^- と OH^- が置換されてフェノールになるが、水酸化ナトリウムに
よって中和され、ナトリウムフェノキシドに変化

(3) 強酸を加えて弱酸のフェノールを遊離させる（弱酸遊離反応）

①と②は物質は違うけど、流れは同じだね。

③クメン法（工業的製法）

クメン　　　　　　クメンヒドロペルオキシド

アセトン

(1) ベンゼンとプロピレンを酸H⁺触媒下で反応させる

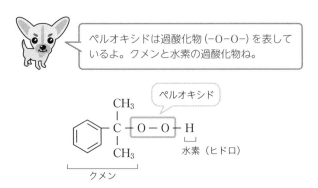

だから真ん中のCと⬡が結合

マルコ

置換

非金属の陽イオンや〜

⇒ H⁺がプロピレンのπ結合に付加（マルコフニコフ則➡第4章§1③(2)①、p.74）

⇒ プロピレンの2番目のC原子がプラスに帯電（非金属の陽イオンが生成）

⇒ 非金属の陽イオンとベンゼンで置換反応が進行し、クメンが生成

(2) 空気酸化

⇒ アルキル基の酸化

（ベンゼンに直結しているC原子が狙われやすい ➡第5章§1(2)④、p.132）

過マンガン酸カリウムほど強い酸化剤ではないため、他のC原子は酸化されない

(3) 濃硫酸で分解

⇒ フェノールとアセトンに分解される

ペルオキシドは過酸化物（−O−O−）を表しているよ。クメンと水素の過酸化物ね。

ペルオキシド

水素（ヒドロ）

クメン

アセトンは有機溶媒の1つだよ。

④塩化ベンゼンジアゾニウムの加水分解

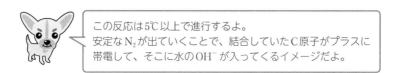

$$\underset{\text{(1)}}{\overset{H_2O}{\underset{\text{熱}}{\longrightarrow}}}$$ に沿って、ベンゼン環-N_2Cl → ベンゼン環-OH + N_2 + HCl

(1) 塩化ベンゼンジアゾニウム (➡第5章§3 (2) ④、p.154) の水溶液を加熱

⇒ 気体の窒素N_2が発生し、フェノールが生成。

この反応は5℃以上で進行するよ。
安定なN_2が出ていくことで、結合していたC原子がプラスに
帯電して、そこに水のOH^-が入ってくるイメージだよ。

e^-もっていかれた…

ベンゼン環-$C \overset{\bullet\bullet}{} N_2^+$ → N_2 → ベンゼン環-$C^{\oplus}$ $\overset{H^+OH^-}{\longrightarrow}$ ベンゼン環-OH

▼ サリチル酸の製法 (コルベ・シュミット反応)

フェノールから合成されるサリチル酸は、解熱鎮痛剤や消炎剤などの原料に
なります。

ベンゼン環-ONa $\underset{\text{(1)}}{\overset{CO_2}{\underset{\text{高温高圧}}{\longrightarrow}}}$ ベンゼン環(OH, $COONa$) $\underset{\text{(2)}}{\overset{H^+}{\longrightarrow}}$ ベンゼン環(OH, $COOH$)

ナトリウムフェノキシド　　　　サリチル酸ナトリウム　　　　　　サリチル酸

(1) ナトリウムフェノキシドに二酸化炭素を高温高圧で反応させると、サリチル酸ナトリウムが生成

⇒ 二酸化炭素のＣ原子はプラスに帯電している（まるで非金属の陽イオン）ため、置換反応が進行し、サリチル酸ナトリウムが生成。
（カルボン酸とフェノールではカルボン酸の方が強い酸であるため、弱酸遊離反応により、フェノールが遊離した状態になることに注意）

(2) カルボン酸より強い酸により、カルボン酸を遊離させる（弱酸遊離反応）

有機化学で弱酸遊離反応って、とてもよく登場するわね。

そうだね。あやふやな人は、『理論化学（酸と塩基）』や『無機化学』でマスターしておこうね。

▼ サリチル酸の反応

サリチル酸は、カルボキシ（ル）基−COOHとフェノール性ヒドロキシ基−OHの両方をもちます。

どちらも学習済みなので、復習も兼ねて確認しましょう。

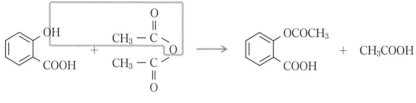

医薬品名 アスピリン

アセチルサリチル酸
（解熱鎮痛作用）

医薬品名 サロメチール

サリチル酸メチル
（消炎作用）

(1) フェノールのアセチル化（➡第5章§2(2)⑤、p.141）

$$\text{OH} + \begin{matrix} CH_3-C \\ CH_3-C \end{matrix} O \longrightarrow \text{OCOCH}_3 + CH_3COOH$$

生成物には–COOHがあるから『〜酸（今回は
サリチル酸）』という呼び方になるね。
アセチル化されたサリチル酸だから、アセチ
ルサリチル酸。これで頭に残るかな？

(2) カルボン酸のエステル化（➡第4章§4①(2)③、p.111）

生成物には–COOHがなくて、エステルだね。だから『〜酸R′』だよ。

サリチル酸メチル!!

§2フェノール類　149

サリチル酸メチルの合成

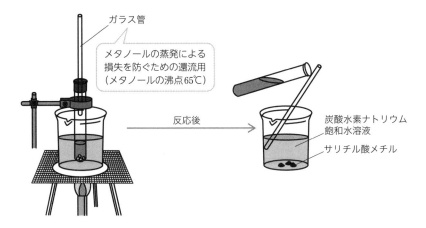

可逆反応であるため、反応後、すべての化合物が存在しています。

目的物質はエステルの安息香酸メチルなので、それ以外の化合物は取り除く必要があります。

メタノールと濃硫酸　⇒　水溶性なので、水に溶解させる

サリチル酸　　　　　⇒　$-COOH$をもつため、炭酸水素ナトリウム $NaHCO_3$ 水溶液に溶解させる（➡第4章§4①(2)①、p.109）

📖 ポイント

フェノールの製法
- ・ベンゼンスルホン酸ナトリウムのアルカリ融解
- ・クロロベンゼンの加水分解
- ・クメン法（工業的製法）
  - ⇒　アセトン（重要な有機溶媒）も生成
- ・塩化ベンゼンジアゾニウムの加水分解

サリチル酸（医薬品の原料）
  製法　⇒　コルベシュミット反応

---

§3 芳香族アミン 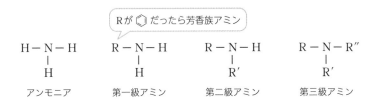 アミノ基

ベンゼン環にアミノ基が直結している化合物を総称して「芳香族アミン」といいます。

アミンとは、アンモニアNH_3のH原子がアルキル基で置き換わったものです。

Rが ◯ だったら芳香族アミン

H − N − H	R − N − H	R − N − H	R − N − R″
| H	| H	| R′	| R′
アンモニア	第一級アミン	第二級アミン	第三級アミン

ですから、アンモニアNH_3という感覚をもって向き合うと怖くないですね。

NH_3のH原子が1つだけRで置き換わったものを第一級アミン、2つ置き換わったら第二級アミン、3つ置き換わったら第三級アミンっていうよ。

(1) 化合物名

芳香族アミンの化合物名で問われるのは右のアニリンのみです。

アニリン

(2) 反応

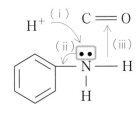

(ⅰ) H^+を受け入れる ⇒ **①塩基性**

(ⅱ) 電子供与性（➡§2、p.134）⇒ **②(オルト・パラ位が) 酸化されやすい**

(ⅲ) C=Oに付加 ⇒ **③アミド化**

その他 ⇒ **④ジアゾ化・カップリング**

①塩基性

アンモニア NH_3 と同様に、非共有電子対に水素イオン H^+ を受け入れるため塩基性です。

$$H-\overset{\cdot\cdot}{\underset{|}{N}}-H \quad + \quad H^+ \quad \longrightarrow \quad \left[H-\overset{\overset{\displaystyle H}{\uparrow}}{\underset{|}{N}}-H \right]^+$$

アンモニウムイオン

$$\underset{}{\bigcirc}\!-\!\overset{\cdot\cdot}{\underset{|}{N}}-H \quad + \quad H^+ \quad \longrightarrow \quad \left[\bigcirc\!-\!\overset{\overset{\displaystyle H}{\uparrow}}{\underset{|}{N}}-H \right]^+$$

アニリニウムイオン

アニリンは NH_3 よりも弱い塩基だよ。リトマス紙の色が変わらないくらい弱い塩基性なんだ。

どうして？

ともに、非共有電子対に H^+ を受け入れるから塩基性だよね。アニリンは電子供与性で非共有電子対がベンゼンの方に移動しているから……。

H^+ が乗っかりにくい!!

そそ。

パタパタ　　H⁺　乗っかりにくっ!!

$$$$

そして、NH_3 と同様に塩酸 $HClaq$ と中和反応を起こします。

$$NH_3 \ + \ HCl \ \longrightarrow \ NH_4Cl$$
塩化アンモニウム

$$\underset{}{\text{C}_6\text{H}_5}NH_2 \ + \ HCl \ \longrightarrow \ \underset{}{\text{C}_6\text{H}_5}NH_3Cl$$
アニリン塩酸塩

②酸化されやすい

　アミノ基は非共有電子対をもつため電子供与性（オルト・パラ配向性）です。

　酸化されてオルト位やパラ位で重合していくため、生成物を問われるのではなく、どんな現象が見られるかが問われていきます。

(1) 空気中 (O_2)　⇒　赤～黒

　　最初は赤、長時間放置すると黒くなります。

(2) さらし粉 (ClO^-) 検　⇒　紫

(3) ニクロム酸カリウム ($Cr_2O_7^{2-}$)　⇒　黒沈殿（アニリンブラック）

〈芳香族アミンの検出法　⇒　さらし粉を加えると紫に呈色〉

アニリンブラックは黒色の染料として利用されているよ。

③アミド化

カルボン酸と反応し、アミドが生成します（➡第4章§4①(2)③、p.111）。

$$\underset{}{\text{⬡}}\text{NH}_2 \quad + \quad \underset{\underset{(CH_3CO)_2Oで平衡右}{\wwave}}{\text{CH}_3\text{COOH}} \quad \xrightarrow[\text{H}_2\text{SO}_4]{\text{アセチル化}} \quad \underset{\underset{\text{アセトアニリド}}{}}{\text{⬡}}\overset{}{\underset{\text{H}}{\text{N}}}-\overset{}{\underset{\text{O}}{\text{C}}}-\text{CH}_3 \quad + \quad \text{H}_2\text{O}$$

④ジアゾ化・カップリング

ジアゾ化

$$\underset{}{\text{⬡}}\text{NH}_2 \quad \xrightarrow[\text{5℃以下}]{\text{HCl}\cdot\text{NaNO}_2} \quad \left[\underset{}{\text{⬡}}\text{N}\equiv\text{N}\right]^{+}\text{Cl}^{-}$$

塩化ベンゼンジアゾニウム

・亜硝酸ナトリウム $NaNO_2$ と塩酸 $HClaq$ から亜硝酸 HNO_2 が生成（弱酸遊離反応）

$$NaNO_2 + HCl \longrightarrow HNO_2 + NaCl \cdots\cdots ①$$

・HNO_2 とアニリン ⬡^{NH_2} が反応し、塩化ベンゼンジアゾニウムが生成（酸化還元反応）

全体の化学反応式（①＋②）

$$\underset{}{\text{⬡}}\text{NH}_2 \quad + \quad 2\text{HCl} \quad + \quad \text{NaNO}_2 \quad \longrightarrow \quad \underset{}{\text{⬡}}\text{N}_2\text{Cl} \quad + \quad \text{NaCl} \quad + \quad 2\text{H}_2\text{O}$$

どうして最初から HNO_2 を加えないの？

HNO_2 は不安定ですぐに壊れちゃうんだ。だから、その場で作ってその場で反応させているんだね。

ジアゾ化の酸化還元のように、同じ原子なのに酸化数が異なる場合、真ん中の酸化数で落ち着くんだよ。

例えば、鉛蓄電池（➡理論化学編 p.214）。

負極 $\underset{0}{\text{Pb}}$

正極 $\underset{+4}{\text{PbO}_2}$

$\longrightarrow$ $\underset{+2}{\text{Pb}^{2+}}$ ◁ 真ん中で落ち着く

他にも、無機化学で学ぶ、水素化ナトリウム NaH と水 H_2O の反応。
有機以外でよく見かけるから確認しておくといいよ。

$$\underset{-1}{\text{Na}\underline{\text{H}}} \;+\; \underset{\substack{(\text{H}^+\text{OH}^-)\\+1}}{\text{H}_2\text{O}} \;\longrightarrow\; \underset{0}{\underline{\text{H}_2}} \;+\; \text{NaOH}$$

真ん中で落ちつく

ジアゾ化も次のカップリングも、5℃以下で（氷冷しながら）おこないます。

5℃以上では、塩化ベンゼンジアゾニウムは分解によりフェノールに変化してしまうためです。（➡第5章§2(3)④、p.147）

カップリング

p-フェニルアゾフェノール
（p-ヒドロキシアゾベンゼン）

・塩化ベンゼンジアゾニウムの陽イオンは、次のように2つの状態が共存（共鳴）

奪う

(1)　　　　　　　　　　(2)

・(2) の陽イオンがナトリウムフェノキシドと置換反応

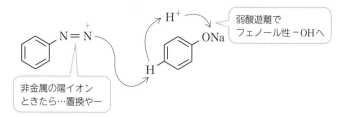

どうして (1) じゃなくて (2) の陽イオンなの？

立体障害が小さいからだよ。ベンゼン環には電子が自由に
動き回る空間があるから、ベンゼン環同士が近づきすぎる
と不安定なんだ。(2) だとベンゼン同士が離れるね。

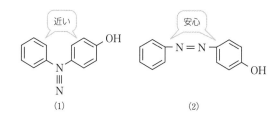

フェノールのオルト位ではなくパラ位で
置換が起こるのも、立体障害が原因だよ。

どうしてフェノールじゃなくてナトリウムフェノキシドを使うの？

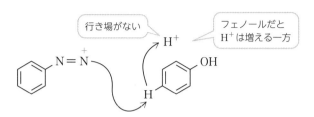

置換によって生じるH^+が弱酸遊離反応で取り除かれて
いくから、反応が進行しやすくなるんだ。

行き場がない

フェノールだと
H^+は増える一方

カップリングによって生じる$-N=N-$をアゾ基、アゾ基をもつ化合物を**アゾ化合物**といいます。

アゾ化合物の多くは染料として利用されており、**アゾ染料**とよばれています。

応用 2-ナフトールのカップリング

1-フェニルアゾ-2-ナフトール

2-ナフトール（Na塩）を用いてカップリングをおこなう場合、オルト位は1番と3番の2ヶ所があります。

オルト位

オルト位

パラ位はHなし

カップリングが進行するのは、1番のオルト位です。その理由は共役二重結合（➡第5章§1、p.119）です。

C−CとC=Cの繰り返しを意識して、共役二重結合を作ってみましょう。

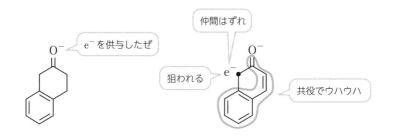

では、もう1つの共役二重結合を作りましょう。

うまく共役二重結合を作ることができませんね。

よって、3番のオルト位で置換が進行することはないのです。

(3) 製法

アニリンもフェノール同様、一段階で合成することはできません。

ニトロ化により、ベンゼン環にN原子を直結させることはできます（➡第5章§1(2)①、p.124）。

$$\text{C}_6\text{H}_5\text{H} + {}^{+}\text{NO}_2 \xrightarrow{\text{置換}} \text{C}_6\text{H}_5\text{NO}_2 + \text{H}^{+}$$

これなら作ることができる

　よって、まずニトロベンゼンを合成し、これを還元することでアニリンを得ます。

$$\text{C}_6\text{H}_5\text{NO}_2 \xrightarrow[(1)]{\text{Sn} \cdot \text{HCl}} \text{C}_6\text{H}_5\text{NH}_3\text{Cl} \xrightarrow[(2)]{\text{NaOH}} \text{C}_6\text{H}_5\text{NH}_2$$

(1) スズ Sn（還元剤）と塩酸 HClaq（酸性条件下）を用いてニトロベンゼンを還元

　　⇒　ニトロベンゼンは還元されてアニリンになるが、HClaq と中和反応を
　　　　起こすため、アニリン塩酸塩となる。

$$\text{C}_6\text{H}_5\text{NO}_2 \xrightarrow{\text{還元}} [\text{C}_6\text{H}_5\text{NH}_2] \xrightarrow{\text{中和}} \text{C}_6\text{H}_5\text{NH}_3\text{Cl}$$

O原子を失う ⇒ 還元
H原子を得る ⇒ 還元

塩基性なので
HClと中和

(2) 強塩基の水酸化ナトリウム NaOH でアニリンを遊離させる（弱塩基遊離反応）

$$\text{C}_6\text{H}_5\text{NH}_3{}^{+}\text{Cl}^{-} + \text{Na}^{+}\text{OH}^{-} \longrightarrow \text{C}_6\text{H}_5\text{NH}_2 + \text{H}_2\text{O} + \text{NaCl}$$

NH₃の製法と同じ

$$\text{NH}_4{}^{+}\text{Cl} + \text{Na}^{+}\text{OH}^{-} \longrightarrow \text{NH}_3 + \text{H}_2\text{O} + \text{NaCl}$$

金属の単体はみんな還元剤でしょ？　Sn以外の金属でもいいの？

鉄 Fe はいいよ。でも Zn はダメ。
反応が進行すると、ニトロベンゼンは浮き上がってくるんだ。

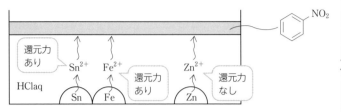

Sn や Fe は二段階で還元力を発揮していくから、ニトロベンゼンにたどり着いてもまだ還元力がある。
でも、Zn は Zn^{2+} になると還元力をもたないからダメなんだ。

//////////////////////

🔖 ポイント

芳香族アミン ⬡^{NH_2}

| 名 | アニリンを暗記

| 反応 | H^+ を受け入れる・電子供与性・C=O 付加

　　　塩基性 ⇒ 電子供与性により弱い。リトマス紙で検出不可能。

　　　酸化されやすい ⇒ 空気中で赤〜黒
　　　　　　　　　　　　　さらし粉で紫（芳香族アミンの検出法）
　　　　　　　　　　　　　ニクロム酸カリウムで黒沈殿（アニリンブラック）

　　　アミド化 ⇒ アセトアニリドの生成はアセチル化とよばれる

　　　ジアゾ化・カップリング ⇒ 氷冷しながらおこなう

| 製法 | ・ニトロベンゼンの還元

§4 芳香族化合物の分離

ほとんどの芳香族化合物は極性が小さいため、水(極性溶媒)には溶解せず、エーテルのような有機溶媒(無極性溶媒)に溶解します。

しかし、中和反応などで塩(イオン結合性物質)になると、水に溶解し、有機溶媒に溶解しません。

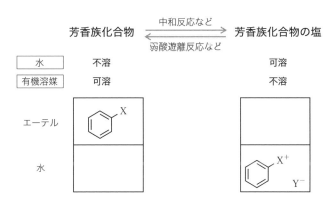

このような溶解性の違いを利用して、芳香族化合物を分離します。

この操作を**抽出**といい、**分液ろうと**を使用しておこないます。

一般的な有機溶媒は水より軽いため、水層が下、有機溶媒層は上になります。芳香族の分離でよく利用される有機溶媒は**エーテル(ジエチルエーテル)**です。

水より重い有機溶媒って何があるの?

四塩化炭素CCl₄がその1つだよ。アルカンの置換反応で登場したね（➡第4章§1①(2)②、p.66）。
メタンCH₄のH原子がすべてCl原子で置換されると、そんなに大きさは変わらない感じだけど、分子量がすごく増えるよね。重くなりそう……って覚えたよ。

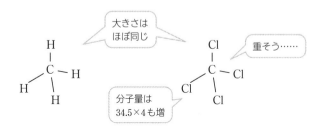

水に溶ける芳香族化合物はあるの？

ベンゼンスルホン酸は極性が大きくて溶けるんだ。だから抽出の問題では登場しないよ。

　また、水に溶解している芳香族化合物の塩を、エーテル層に戻すこともできます。

　基本的に弱酸（弱塩基）遊離反応を利用します。

$$\text{COO}^-\text{Na}^+ \quad + \quad \text{HCl} \quad \longrightarrow \quad \text{COOH} \quad + \quad \text{NaCl}$$

水層　　　　　　　　　　　　　　　　エーテル層

　以上より、芳香族化合物の分離は次のようにまとめることができます。

『**反応して塩になったものを水層に移す**』

　与えられた試薬と反応する化合物が何なのか、落ち着いて考えていきましょう。

手を動かして練習してみよう!!

エーテルに溶解している4つの芳香族化合物（アニリン・ニトロベンゼン・安息香酸・フェノール）を、次の操作で分離した。

A・B・C・Dで得られる化合物はそれぞれ何？

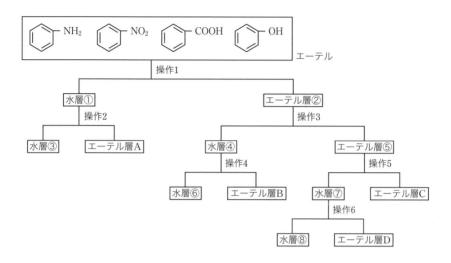

操作1 | 塩酸を加えて振り混ぜ、しばらく静置し、水層①とエーテル層②に分けた。

操作2 | 水層①に水酸化ナトリウム水溶液とエーテルを加えて振り混ぜ、しばらく静置し、水層③とエーテル層Aに分けた。

操作3 | エーテル層②に炭酸水素ナトリウム水溶液を加えて振り混ぜ、しばらく静置し、水層④とエーテル層⑤に分けた。

操作4 | 水層④に塩酸とエーテルを加えて振り混ぜ、しばらく静置し、水層⑥とエーテル層Bに分けた。

操作5 | エーテル層⑤に水酸化ナトリウム水溶液を加えて振り混ぜ、しばらく静置し、水層⑦とエーテル層Cに分けた。

操作6 | 水層⑦に塩酸とエーテルを加えて振り混ぜ、しばらく静置し、水層⑧とエーテル層Dに分けた。

解：

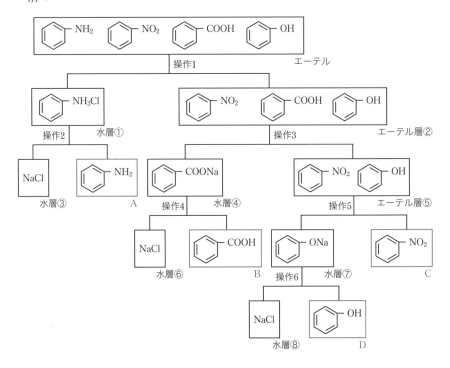

操作1 アニリンが塩酸と反応し、アニリン塩酸塩となって水層①へ。（中和反応）

操作2 水酸化ナトリウムによってアニリンが遊離し、エーテル層Aへ。（弱塩基遊離反応）

操作3 安息香酸が炭酸水素ナトリウムと反応し、安息香酸ナトリウムとなって水層④へ。（弱酸遊離反応であり、カルボン酸の検出法 ⇒第4章§4 ① (2) ①、p.109）

⇒ 二酸化炭素 CO_2 が発生する。

「分液ろうと内の気圧の上昇を防ぐ」また「液中の CO_2 濃度が高くなり反応が進行しにくくなることを防ぐ」ため、ガス抜き*をおこなう必要がある。

操作4 塩酸によって安息香酸が遊離し、エーテル層Bへ。（弱酸遊離反応）

操作5 フェノールが水酸化ナトリウムと反応し、ナトリウムフェノキシド
となって水層⑦へ。（中和反応）

そしてエーテル層Cにはニトロベンゼンが残る。

操作6 塩酸によってフェノールが遊離し、エーテル層Dへ。（弱酸遊離反応）

以上より

　A：アニリン　B：安息香酸　C：ニトロベンゼン　D：フェノール

＊ガス抜き

発生したCO_2を分液ろうとの外へ出します。

栓とコックを押さえて
上下に振る

コックを開いて
ガス（CO_2）を外へ

////////////////////

☞ポイント

芳香族化合物の分離

　分液ろうとを用いて抽出をおこなう。

　水層が下、エーテル層が上。

　反応して塩になった化合物を水層へ移す。

エーテル層
水層

分液ろうと

§5 構造決定をスムーズに進めるために

いよいよ構造決定のトレーニングに入っていきましょう。

構造決定をマスターするには、ある程度、数をこなして構造決定に慣れる必要があります。

そのとき、なんとなく数をこなすのではなく、最初はポイントを意識しながら進め、最終的にはそれを無意識にできる状態を目指しましょう。

①最低限のことがマスターできているか確認しましょう

「最低限のこと」とは以下の5つです。

- **元素分析の計算ができる**（➡第2章§1、p.24）
- **不飽和度Duを求める計算ができる**（➡第1章§3、p.16）
- **構造異性体を書き出すことができる**（➡第3章§1、p.34）
- **立体異性体を見つけることができる**（➡第3章§2、p.47）
- **官能基ごとの反応がスラスラ答えられる**（➡第4章、p.63＋第5章、p.119）

どれか1つでも欠けていると、構造決定が途中で止まってしまう可能性があります。

とはいえ、反応は忘れてしまうこともあるので、構造決定の問題を解く過程で思い出したり、復習していくといいでしょう。

②不飽和度Duを利用して、その化合物がもつパーツを予想しましょう

有機化合物の分子式から不飽和度Duを求め、その化合物がもっているパーツを予想します。

この作業で、構造決定の問題を解くスピードは速くなり、ケアレスミスも減少します。

まずは、決まりごとを確認しましょう。

不飽和度Duからわかるパーツ

(1) O数×2につき、 $\overset{-C-O-}{\underset{\parallel}{O}}$ ×1

⇒ **ただし、 $\overset{-C-O-}{\underset{\parallel}{O}}$ ×1につきDu＝1を消費する**

かなりの確率で「エステル」です。

そのくらい、エステルは構造決定で頻繁に登場します。

カルボン酸の可能性はないの？

可能性は0じゃないけど、ほぼエステルだね。
O数が多くなるとカルボン酸の可能性が少し高くなるかな。

O数×4 ⇒ $\overset{-C-O-}{\underset{\parallel}{O}}$ ×2 ⇒ 2価のエステル

O数×6 ⇒ $\overset{-C-O-}{\underset{\parallel}{O}}$ ×3 ⇒ 3価のエステル……
2価のエステル ＋ カルボン酸かも？

って感じかな。
問題読んでいけばすぐに判明するよ。
予想の段階で決める必要はないよ。

(2) C数×6につき、 ◯ ×1

⇒ **ただし、 ◯ ×1につきDu＝4を消費する**

かなりの確率で「ベンゼン環」です。

ただし、ベンゼン環1つにつき、Du＝4を消費してしまうので、Duと相談しながら予想しましょう。

Duと相談しながらってどういうこと？

例えば分子式のC数＝13、Du＝6だった場合、
C数的には「 ◯ ×2」と予想できるけど、このためにはDu＝8必要。
足りないから、今回は「 ◯ ×1」の予想になるね。

(3) O数×1+N数×1につき、 $-\overset{\|}{\underset{O}{C}}-\overset{|}{\underset{H}{N}}-$ ×1

⇒ ただし、 $-\overset{\|}{\underset{O}{C}}-\overset{|}{\underset{H}{N}}-$ ×1につきDu=1を消費する

かなりの確率で「アミド」です。

ただし、アミドだけで1つの構造決定にはならず、「エステル＋アミド」といった形になると思われます。

(4) O数×2+N数×1につき、 $-\overset{N=O}{\underset{\downarrow}{}}{O}$ ×1

⇒ ただし、 $-\overset{N=O}{\underset{\downarrow}{}}{O}$ ×1につきDu=1を消費する

「ニトロ基」をもつ可能性があります。

「O数×2」の部分が(1)と共通しているため、確実ではありません。

手を動かして練習してみよう!!

次の分子式の有機化合物がもっていると予想されるパーツを考えてみよう。

(1) C_7H_8O　　　(2) $C_8H_{14}O_2$　　　(3) $C_{16}H_{16}O_2$　　　応用 (4) $C_{30}H_{25}NO_5$

解：

(1)

$$Du = \frac{7 \times 2 + 2 - 8}{2} = 4$$

C≧6 ⇒ ◯×1 （Du=4消費）

⇒ 残ったパーツ

C×1＋O×1 （残るDu=0）

予想 ◯に対して、C原子とO原子が1つずつ、単結合で結合している

Duを考えるなら、H原子は見なくていいよ。

(2)

$$Du = \frac{8 \times 2 + 2 - 14}{2} = 2$$

$O \geqq 2 \Rightarrow \overset{-\overset{\parallel}{\underset{O}{C}}-O-}{} \times 1 （Du＝1消費）$

$\Rightarrow$ 残ったパーツ

$C \times 7 （残る Du＝1）$

予想 1価のエステル・残る$C \times 7$に$C=C$か環状構造あり

・環状エステルのとき $\Rightarrow$ 分解生成物が1種の可能性

例

$$\begin{array}{c}C - C \\ C \quad\quad C \\ C \quad\quad C \\ C \diagdown O / C \\ \parallel \\ O\end{array} \xrightarrow{\text{加水分解}} HO - C - C - C - C - C - C - OH$$

$$\underset{\parallel}{\overset{}{}}\\O$$

1種だけ

・$C=C$をもつエステルのとき $\Rightarrow$ 分解生成物がエノール（からのケト）の可能性があり

例

$$C - C - C - \underset{\parallel}{C} \diagdown O - C = C - C \xrightarrow{\text{加水分解}} C - C - \underset{\parallel}{C} \quad C - OH + \boxed{\begin{array}{c}C = C - C \\ | \\ HO\end{array}}$$
$$\quad\quad O \quad\quad\quad\quad\quad\quad\quad\quad\quad\quad\quad\quad\quad\quad O$$

エノール

$\Downarrow$

ケト $\boxed{\begin{array}{c}H - C - C - C \\ \parallel \\ O\end{array}}$

最初にこのことがわかっているため、

「分解生成物が1つかもしれない」「分解生成物にケトが含まれるかもしれない」
と思いながら問題文が読めるのです。

なんか、難しくて諦めそう……。

今はそれでいいんだよ。構造決定のトレーニングの中で、徐々にマスターしていくんだ。
僕も最初は時間かかったよ。大丈夫！

(3)

$$Du = \frac{16 \times 2 + 2 - 16}{2} = 9$$

$O \geqq 2 \cdot C \geqq 6 \quad \Rightarrow \quad \begin{smallmatrix} -C-O- \\ \| \\ O \end{smallmatrix} \times 1 + \bigcirc \times 2 \quad (\text{計} Du = 9 \text{消費})$

$\qquad\qquad\qquad (Du = 1) \quad (Du = 8)$

$\qquad \Rightarrow \quad$ 残ったパーツ

$\qquad\qquad C \times 3 \quad (\text{残る} Du = 0)$

予想 ベンゼン環を2つもつ・1価のエステル・Cが3つ単結合で結合している

芳香族化合物同士がエステル結合でつながっているイメージだね。C3つの位置を問題文から判断することになるね。

(4)

$$Du = \frac{31 \times 2 + 2 - 26}{2} = 19 \qquad (\leftarrow C_{31}H_{26}O_5 \text{と考える})$$

$O \geqq 2 \cdot C \geqq 6$

O・N1こずつ余ってる

$\Rightarrow \quad \begin{smallmatrix} -C-O- \\ \| \\ O \end{smallmatrix} \times 2 + \bigcirc \times 4 + \begin{smallmatrix} -C-N- \\ \| \quad \| \\ O \quad H \end{smallmatrix} \times 1 \quad (\text{計} Du = 19 \text{消費})$

$\quad (Du = 2) \qquad (Du = 16) \quad (Du = 1)$

$\Rightarrow \quad$ 残ったパーツ

$\qquad C \times 3 \quad (\text{残る} Du = 0)$

予想

　ベンゼン環を4つもつ・2価のエステル・1価のアミド・Cが3つ単結合で結合している

芳香族化合物同士が2つのエステル結合と
アミド結合でつながっているんだろうね。
それ以外のパーツはC3つだけ！

こんなイメージ。
あとはどこかにCが3つ

このように、問題文の入り口でもっているパーツを予想すると「問題文のどんな情報に注目すればいいか」がわかります。

先ほどの例題の(2)だと「加水分解生成物の数」「ケトにつながる情報」に注目することになるでしょう。

そして、構造決定が終わって解答欄に解答を書いたら、予想と解答が一致しているか確認しましょう。

パーツの数など、予想と一致していれば、かなりの確率で正解です。

③問題文中に与えられないデータを意識しましょう

構造決定では、問題文中に与えられないデータがあります。

難問になればなるほど、そのデータを自分で追っていかないと正解にたどり着けません。

そのデータは、反応で決まります。

(1) 分解反応のとき ⇒ C数に注目する

「エステルの加水分解」「アルケンの酸化開裂」のどちらかで出会うことになるでしょう。

このとき注目するのはC数で、**反応の前後でCの総数は保存される**ことがポイントです。

例えば、「2価のエステルX（C数×12）を加水分解すると3つの化合物Y・Z・Wが得られた」としましょう。

構造決定が進み、化合物Yは*p*-ヒドロキシ安息香酸、化合物Wはギ酸と判明したとしましょう。

この時点で、化合物Zのデータが判明します。

Cの総数は保存されるため、化合物ZのC数は

$$\underbrace{12}_{X のC数} - \underbrace{7}_{Y のC数} - \underbrace{1}_{W のC数} = \underbrace{4}_{Z のC数}$$

と決定します。

また、2価のエステルを加水分解したため、−COOHと−OHが2つずつ生じるはずです。

化合物Yに−COOHと−OHが1つずつ、化合物Wに−COOHが1つなので、化合物Zは−OHを1つもつ、1価のアルコールと決まります。

以上より、化合物ZはC数＝4のアルコールであり、次の4つのいずれかです。

$$
\begin{array}{cccc}
C-C-C-C & C-C-\overset{*}{C}-C & \begin{array}{c} C \\ | \\ C-C-C \\ | \\ OH \end{array} & \begin{array}{c} C \\ | \\ C-C-C \\ | \\ OH \end{array} \\
\quad | & \quad | & & \\
\quad OH & \quad OH & & \\
（ⅰ） & （ⅱ） & （ⅲ） & （ⅳ）
\end{array}
$$

あとは問題文中に、官能基の位置を与えるデータを与えてくるはずです。

例えば「化合物Zには鏡像異性体が存在する」ときたら、（ⅱ）で決定です。

このように、問題文中にC数のデータが直接的に与えられることはありません。

分解反応では、常に意識するよう心がけましょう。

(2) 分解反応以外のとき　⇒　C骨格に注目する

構造決定でよく見かけるのは「アルコールの酸化、脱水」「π結合への付加」などです。

分解反応以外の反応において注目するのはC骨格で、**反応前後でC骨格は保存**されます。

例えば「アルコールX・Y（C数＝4）はともに、脱水すると化合物Zが生じた」としましょう。

$$
\begin{array}{c} X \\ Y \end{array} \xrightarrow{-H_2O} Z
$$

これは「アルコールXとアルコールYはC骨格が同じ」というデータを与えられているのです。

例　$C-C-C-C \xrightarrow{-H_2O} C-C-C=C$
$\quad\quad\quad | $
$\quad\quad\quad OH$

脱水してもC骨格は不変

C数＝4の骨格は2種類しかありませんから、アルコールX・Yはどちらかの、同じC骨格です。

脱水生成物が同じ（Z）　⇒　X・Yは同じC骨格

$$C-C-C-C \quad \text{or} \quad \begin{array}{c} C \\ | \\ C-C-C \end{array}$$

　直鎖の場合には一級と二級、枝分かれの場合には一級と三級なので、酸化生成物のデータが与えられれば、X・Y同時に決定です。

　例えば、「アルコールYは酸化されませんでした」とくれば、Yだけでなく X も決定しますね。

Yは
$$\begin{array}{c} C \\ | \\ C-C-C \\ | \\ OH \end{array}$$
酸化されないのはこれだけ

よって　Xは
$$\begin{array}{c} C \\ | \\ C-C-C \\ | \\ OH \end{array}$$

と決まります。

　このように、問題文中にストレートに与えられないデータを読み取っていくことが当たり前にできるようになれば、難問も怖くありません。
　特に、(1)の「分解反応でC数を追うこと」は重要です。
　意識しながら構造決定を進めてみましょう。

④官能基の場所を与えてくるデータを復習しておきましょう

　構造決定の中で与えられるデータには、官能基の場所を教えてくれるものが含まれます。
　代表的なものを確認しておきましょう。

(1)不斉炭素原子の有無と数

　C数＝4のアルケンで考えましょう。
　構造異性体は次の3種です。

$$C-C-C=C \qquad C-C=C-C \qquad \overset{\overset{\textstyle C}{|}}{C-C}=C$$

$$（ⅰ） \qquad\qquad （ⅱ） \qquad\qquad （ⅲ）$$

臭素Br_2を付加させると、付加生成物がもつ不斉炭素原子数は次のようになります。

（ⅰ）の付加生成物　⇒　不斉炭素原子1つ

（ⅱ）の付加生成物　⇒　不斉炭素原子2つ

（ⅲ）の付加生成物　⇒　不斉炭素原子なし

$$C-C-\overset{*}{C}-C \qquad C-\overset{*}{C}-\overset{*}{C}-C \qquad \overset{\overset{\textstyle C}{|}}{C}-C-C$$
$$\underset{Br}{|}\ \underset{Br}{|} \qquad\qquad \underset{Br}{|}\ \underset{Br}{|} \qquad\qquad \underset{Br}{|}\ \underset{Br}{|}$$

$$（ⅰ） \qquad\qquad （ⅱ） \qquad\qquad （ⅲ）$$

よって、不斉炭素原子の数が与えられれば構造が決まります。

与えられるデータとしては頻出なので、上のように付加生成物を書かなくても頭の中で考えられるようになるのが目標です。

また、このような例もあります。

「あるアルケン（分子式C_6H_{12}）には不斉炭素原子があるが、水素付加後の生成物には不斉炭素原子がない」

このとき注目するのは、「水素付加後の生成物には不斉炭素原子がない」ということです。

$$\square-\overset{\overset{\textstyle C}{|}}{\underset{\underset{\textstyle H}{|}}{\overset{*}{C}}}-\bigcirc \qquad \xrightarrow{\ H_2付加\ } \qquad \square-\overset{\overset{\textstyle C}{|}}{\underset{\underset{\textstyle H}{|}}{C}}-\square$$

C＝Cあり

＊ありなのは
こんな状態

同じになった
すなわち
C数が同じ

不斉炭素原子がないということは「結合している原子団が同じ」すなわち「同じ炭素数の原子団」ということです。

　不斉炭素原子を除くと炭素は4つしか残っていないので、等しく分けると2つずつです。

　その一方をC＝Cにすると、最初のアルケンが決定です。

C×2コずつ　　　　　　　　　　　これが最初のアルケン

　このように、不斉炭素原子は構造決定において、重要なデータを与えてくれるのです。

(2) シス－トランス異性体の有無

　C骨格の末端がC＝Cのとき、シス－トランス異性体は存在しません。

　よって、「シス－トランス異性体がある」なら、C＝Cは末端ではないのです。

C － C － C ＝ C
末端のときは
シス・トランスなし

　枝分かれの骨格では、末端以外でシス－トランス異性体がない場合があります。

　次のように、C＝Cについているアルキル基が同じ場合です。

(3) 銀鏡反応・フェーリング反応・ヨードホルム反応

　$-\overset{-}{\underset{O}{\overset{\|}{C}}}-$ の位置情報を与えるデータです（➡第4章§3②、p.101）。

これを利用し、アルコールのヒドロキシ（ル）基−OHの位置情報を与えてくることがあります。

末端−OH（一級）を与えるデータ

⇒　・酸化生成物が銀鏡反応またはフェーリング反応陽性（生成物はアルデヒド）
　　・酸化生成物が酸性（生成物はカルボン酸）
　　・酸化生成物はNaHCO₃aqと反応（生成物はカルボン酸）

連鎖部　OII（二級）を与えるデータ

⇒　・酸化生成物は銀鏡反応またはフェーリング反応陰性
　　　（酸化されるが、生成物はアルデヒドではない）
　　・ヨードホルム反応陽性（末端から2番目に−OHがある二級）
　　・銀鏡反応またはフェーリング反応陰性、かつヨードホルム反応陰性
　　　（末端から3番目や4番目に−OHがある二級）

分枝部−OH（三級）を与えるデータ

⇒　酸化されない

(4) 芳香族化合物の置換反応

ベンゼンの二置換体には、オルト・メタ・パラの構造異性体があります。

その中のどれであるかを与えてくれるのが、置換反応後の異性体の数です。

キシレンのハロゲン化（ベンゼン環のHの置換のみ考慮）で考えてみましょう。

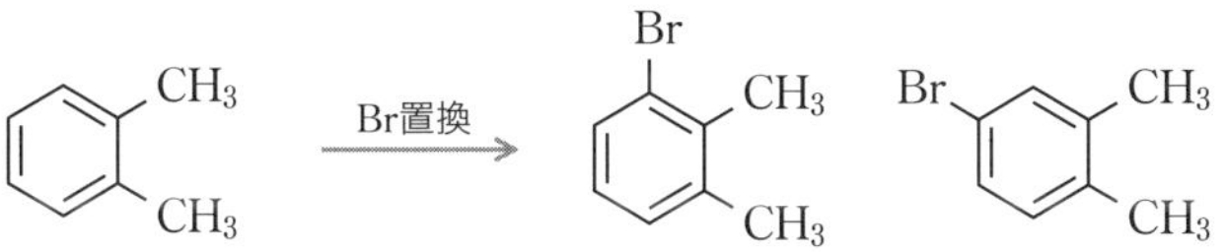

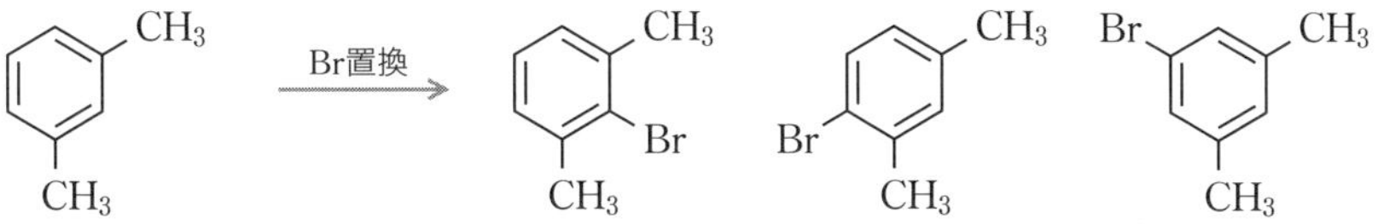

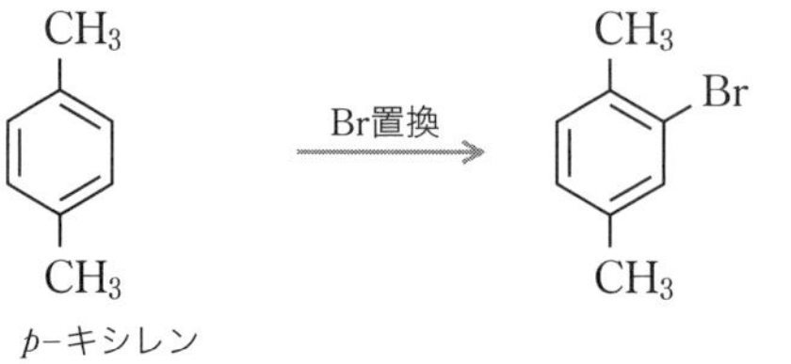

p-キシレン

それぞれのキシレンから生じる置換体の数は

o-キシレン ⇒ 臭素置換体2種

m-キシレン ⇒ 臭素置換体3種

p-キシレン ⇒ 臭素置換体1種

となるため、置換体の数から化合物を特定できます。

また、異なる2種類の官能基をもつ化合物の場合には、次のようになります。

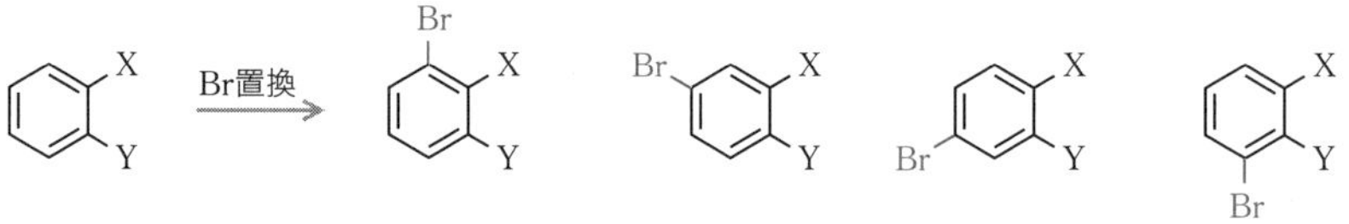

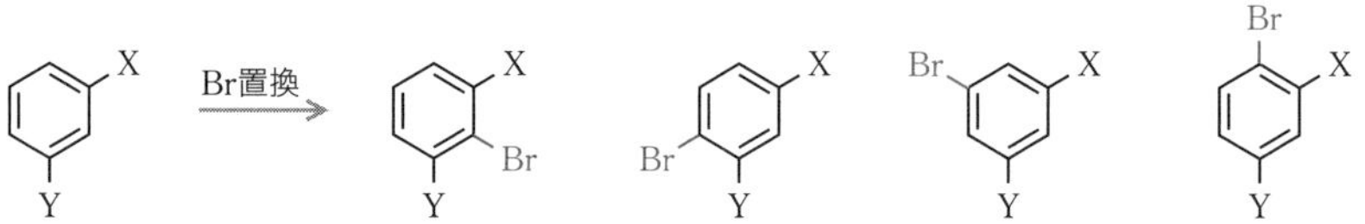

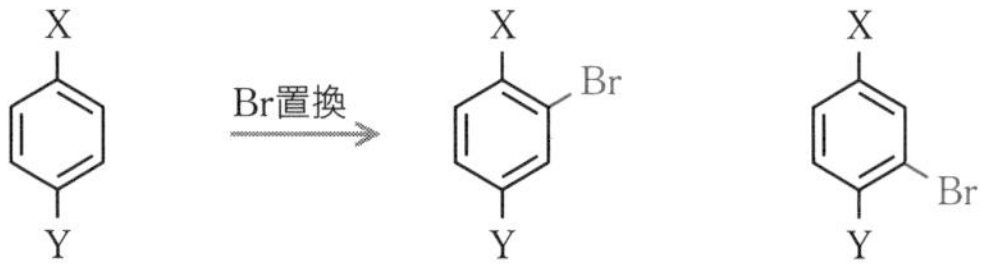

このように、二置換体・三置換体の官能基の位置情報は、他の置換基を導入したときの異性体数で与えられることが多いです。

特にパラ位の二置換体は対称性が高いため、生じる異性体数が少ないのが特徴です。

「少ない!!」と思ったら、パラ位です。

これで全部？

代表的でよく見るのはこれくらいだね。他にはアンモニア性硝酸銀を加えて白色沈殿ときたら末端C≡Cとかあるよ（➡第4章§1④(2)③、p.85）。

⑤エステルの構造決定の流れを知っておきましょう

構造決定で最も出題率が高いのはエステルです。

エステルの構造決定をスムーズに進めるために、流れを押さえておきましょう。

(1) 与えられるのはエステルの加水分解生成物のデータ

エステルの構造決定は、加水分解をおこなうところから始まります。

よって、最初にエステルの異性体を考えるのは無駄な作業です。

加水分解生成物である「カルボン酸」と「アルコール（芳香族の場合にはフェノール類も含む）」の構造を決めることができればいいのです。

$$エステル \xrightarrow{\text{加水分解}} \underset{\underset{与えられるのは}{\text{この2つのデータ}}}{カルボン酸 \quad + \quad アルコール}$$

加水分解生成物の構造が決まれば、脱水縮合させれば、目的のエステルです。

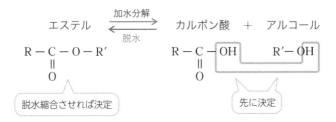

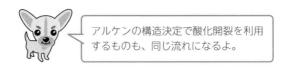

アルケンの構造決定で酸化開裂を利用するものも、同じ流れになるよ。

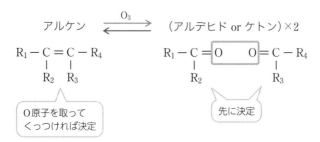

アルケン $\xrightleftharpoons{O_3}$ （アルデヒド or ケトン）×2

$R_1 - C = C - R_4$
$\quad\; | \qquad |$
$\quad R_2 \quad R_3$

$R_1 - C = O \quad O = C - R_4$
$\quad\; | \qquad\qquad\qquad |$
$\quad R_2 \qquad\qquad\qquad R_3$

O原子を取ってくっつければ決定

先に決定

(2) けん化による加水分解データの場合、文章が複雑に見える

けん化による加水分解は次のような流れになります。

「あるエステルに水酸化ナトリウム水溶液を加えて加熱し、反応終了後、冷却し塩酸を加えて溶液を酸性にした。」

$$R - \overset{\overset{\displaystyle |}{\|}}{\underset{\displaystyle O}{C}} \not{} O - R' \quad \xrightarrow{\text{けん化}} \quad R - \overset{\|}{\underset{O}{C}} - ONa \; + \; R' - OH$$

弱酸遊離で RCOOHに

$\downarrow$ HClaq

通常の加水分解 $\xrightarrow{H^+}$ $R - \overset{\|}{\underset{O}{C}} - OH \; + \; R'OH$

結局、酸触媒で加水分解するのと同じところに辿り着きます。

収率を上げるためにこのような操作にしているだけです（➡第4章§4②、p.117）。

このような流れを見かけたら「通常の加水分解と同じでカルボン酸とアルコール（またはフェノール）になったな」とすぐに対応していきましょう。

応用 芳香族エステルの構造決定（抽出を組み込んだ問題文）

芳香族エステルの構造決定では、けん化を利用した加水分解に抽出が組み込

まれることが多く、一番難易度が高くなります。

　構造決定に集中できるよう、問題文の流れには慣れておく必要があります。

　「エステルに水酸化ナトリウム水溶液を加えて加熱した。反応液を冷却後、エーテルを加え、エーテル層と水層に分離した。」

　ここで、エーテル層と水層に含まれるのはどんな化合物でしょうか。

$$\text{R}-\underset{\underset{\text{O}}{\|}}{\text{C}}-\text{O}-\text{R}' \xrightarrow[\text{けん化}]{\text{NaOH}} \text{R}-\underset{\underset{\text{O}}{\|}}{\text{C}}-\text{ONa} \ + \ \text{R}'\text{OH} \quad \text{or} \quad \text{（ベンゼン環）}-\text{ONa}$$

　　　　　　　　　　　　　　　　　　　塩なので水層　　　　基本エーテル層　　　　塩なので水層

> フェノールの可能性を
> 忘れないで

芳香族であるため、フェノール類の可能性を忘れないことが大切です。

　　　エーテル層　⇒　アルコール
　　　水層　　　　⇒　カルボン酸のナトリウム塩、フェノール類のナトリウム塩
　　　　　　　　　　　（このあと、塩酸を加えてカルボン酸やフェノールを遊
　　　　　　　　　　　離させることになる）

　エーテル層と水層にどんな化合物が含まれているかを、素早く判断すれば、構造決定はスムーズに進みます。

　どのような文章で与えられるのか、ここでしっかり確認し、問題演習に生かしていきましょう。

手を動かして練習してみよう!!

　構造決定初心者には難しく感じるかもしれません。

　エステルに関する次の文章を読み、問1〜3に答えよ。構造式は記入例にならって記せ。

（記入例）

$$\text{CH}_3-\text{CH}-\text{（ベンゼン環）}-\underset{\text{H}}{\overset{\text{OH}}{\underset{}{}}}$$

$$\text{C}=\text{C}\underset{\underset{\underset{\text{O}}{\|}}{\text{C}-\text{CH}_2\text{CH}_3}}{\overset{\text{CH}_3}{}}$$

エステルA、BおよびCは、いずれも分子式が$C_5H_{10}O_2$ で表される。AとB のいずれを加水分解しても、銀鏡反応に対して陽性を示す化合物Dが生じた。Aの加水分解により得られたアルコールを二クロム酸カリウムを用いて酸化するとケトンEが生じたが、Bの加水分解により得られたアルコールは同様の反応条件では酸化されなかった。また、Cを加水分解すると酢酸とアルコールFが得られた。Fを酸化すると、フェーリング液を還元する化合物が得られた。

問1　化合物Dの名称を記せ。

問2　エステルBとCの構造式を記せ。

問3　ケトンEに水酸化ナトリウム水溶液とヨウ素を加えて温めたところ、特有の臭いをもつ化合物の黄色沈殿が生じた。この化合物の化学式を記せ。

（出典：2011 北海道大学 後期3のⅠ）

解説

　実際に解くところをイメージしてもらうため、C骨格と官能基のみ表記し、Hは省略していきます。

下線1 不飽和度Duから予想

$$Du = \frac{5 \times 2 + 2 - 10}{2} = 1$$

O数×2　⇒　$\overset{\text{O}}{\underset{\|}{-\text{C}-\text{O}-}}$ ×1つ（Du＝1消費）

　　　　　　残りC×4（残るDu＝0）

　以上より、ただの一価のエステル。油断していい。

（環状エステルではない　⇒　生成物が1種類になることはない

C＝Cをもたない　⇒　生成物がケトになる心配はない）

もし$C_5H_8O_2$（Du＝2）のエステルだったら、高い確率でケトが生じるよ。環状エステルかもしれないしね。

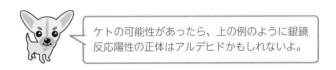

例 $C-C-C \overset{\underset{\parallel}{O}}{|} O-C=C \xrightarrow{\text{加水分解}} C-C-C-OH + \boxed{\underset{\underset{OH}{|}}{C=C}}$ エノール

$\downarrow$

銀鏡反応
陽性 $\Big\{$ $\boxed{H-C-C}$ ケト

1
2
3
4
5
6
7

下線2 加水分解生成物の情報①

エステルA、Bからの加水分解生成物Dは銀鏡反応陽性 ⇒ ギ酸 問1

　このとき、躊躇なく「ギ酸」と断定できるのは、Duの予想でケトの可能性が
ないことを確認しているからです。

　ケトでないなら、還元性をもつのはカルボン酸のギ酸しかありません。

ケトの可能性があったら、上の例のように銀鏡
反応陽性の正体はアルデヒドかもしれないよ。

　そして大切なのは、「分解反応なのでC数に注目する」ということです。

化合物Dがギ酸（C数＝1のカルボン酸）

　⇒　もう1つの生成物はC数＝4のアルコール

という情報も同時に与えられているのです。

下線3 加水分解生成物の情報②

エステルAの分解生成物（C数＝4のアルコール）は酸化するとケトンE

⇒　C数＝4のアルコールの正体は2-ブタノール（二級）

エステルA $\xrightarrow{\text{加水分解}}$ カルボン酸   +   アルコール

C×5   C×1 $\boxed{\text{C×4}}$

                                                       二級アルコール

$$
\underset{\text{ギ酸(D)}}{\overset{\displaystyle \text{H}-\underset{\underset{\text{O}}{\|}}{\text{C}}-\text{OH}}{}} \qquad \underset{\text{2-ブタノール}}{\text{C}-\text{C}-\underset{\underset{\text{OH}}{|}}{\text{C}}-\text{C}}
$$

C数＝4の二級アルコールは2-ブタノールしかありません。

よってケトンEはエチルメチルケトンです。

$$
\text{C}-\text{C}-\underset{\underset{\text{OH}}{|}}{\text{C}}-\text{C} \quad \xrightarrow{\text{酸化}} \quad \overset{\text{ケトンE}}{\text{C}-\text{C}-\boxed{\underset{\underset{\text{O}}{\|}}{\text{C}}-\text{C}}}
$$

                                                 $\boxed{\text{ヨードホルム反応陽性}}$

ここでエステルAが決定です。ギ酸と2-ブタノールを脱水縮合したものです。

$$
\text{エステルA} \quad \underset{\xleftarrow{\hspace{1cm}}}{\overset{\text{加水分解}}{\xrightarrow{\hspace{1cm}}}} \quad \text{H}-\underset{\underset{\text{O}}{\|}}{\text{C}}-\boxed{\text{OH}} \quad + \quad \text{C}-\text{C}-\text{C}-\underset{\underset{\boxed{\text{OH}}}{}}{\text{C}}
$$

$$
\boxed{\text{H}-\underset{\underset{\text{O}}{\|}}{\text{C}}-\text{O}-\underset{\underset{\text{C}}{|}}{\text{C}}-\text{C}-\text{C}}
$$

決定！

$\boxed{\text{下線4}}$ 加水分解生成物の情報③

エステルBの分解生成物（C数＝4のアルコール）**は酸化されない**

⇒ **C数＝4のアルコールの正体は2-メチル-2-プロパノール（三級）**

$$\text{エステルB} \xrightarrow{\text{加水分解}} \text{カルボン酸} + \text{アルコール}$$

C×5 　　　　　　 C×1 　　　　 $\boxed{C×4}$

　　　　　　　　　　　　　　　　　　三級アルコール

```
                                        C
                                        |
  H − C − OH                      C − C − C
      ‖                                   |
      O                                   OH
    ギ酸（D）                      2−メチル−2−プロパノール
```

C数＝4の三級アルコールは2−メチル−2−プロパノールしかありません。

ここでエステルBが決定です。ギ酸と2−メチル−2−プロパノールを脱水縮合したものです。

```
                                                   C
                                                   |
  エステルB  ⇄(加水分解)  H − C − OH  +  C − C − C
                                ‖                  |
                                O                  OH

        C
        |
  H − C − O − C − C
      ‖         |
      O         C                               問2
```

下線5 加水分解生成物の情報④

エステルCの分解生成物は酢酸（C数＝2）とアルコールF（フェーリング反応陽性）

⇒ **アルコールFはC数＝3の一級アルコール**

　すなわち1−プロパノール

（C数＝3の一級アルコールは1−プロパノールしかありません）

$$\text{エステルC} \xrightarrow{\text{加水分解}} \text{カルボン酸} + \text{アルコールF}$$

C×5 　　　　　　 C×2 　　　　 $\boxed{C×3}$

　　　　　　　　　　　　　　　　　　一級アルコール

```
  C − C − OH                    C − C − C
      ‖                                 |
      O                                 OH
    酢酸                          1−プロパノール
```

以上より、エステルCが決定です。酢酸と1-プロパノールを脱水縮合したものです。

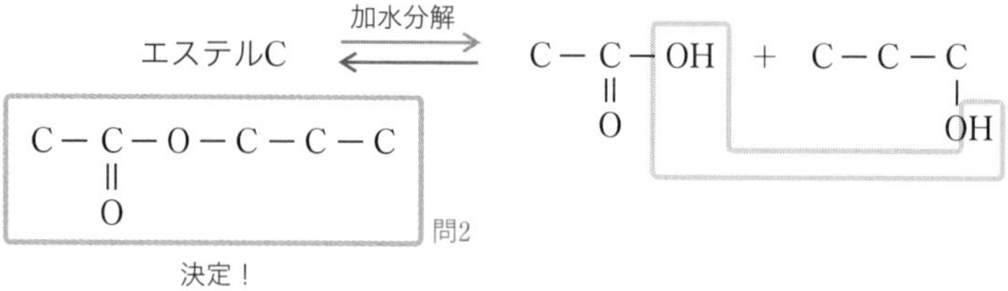

解：問1　ギ酸

問2　エステルB

$$H - \underset{\underset{O}{\|}}{C} - O - \underset{\underset{CH_3}{|}}{\overset{\overset{CH_3}{|}}{C}} - CH_3$$

エステルC

$$CH_3 - \underset{\underset{O}{\|}}{C} - O - CH_2 - CH_2 - CH_3$$

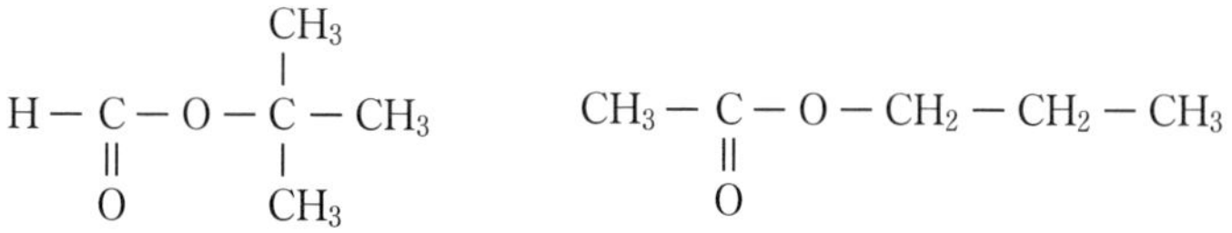

問3　CHI_3

╱╱╱╱╱╱╱╱╱╱╱╱╱╱╱╱

☞ ポイント

構造決定をスムーズに進めるために

・異性体や反応など最低限のことを確実にクリアする

・不飽和度 Du から化合物のパーツを予想する

・官能基の位置情報がどのように与えられるか確認しておこう

・エステルの構造決定の流れを押さえておこう

・手を動かして、構造決定のトレーニングをしよう

第 6 章 天然高分子化合物

高分子化合物とは分子量が 1 万を超える巨大な分子です。
高分子化合物を学ぶ上で大切なのは、構成している小さい塊
の理解に十分な時間を割くことです。
そして、手を動かすことです。
この章では高分子化合物の中で、自然界に存在しているもの
を確認していきましょう。

第6章の
目標

➡ 糖類の基本を単糖で学び、糖類を極めよう。

➡ アミノ酸の平衡とたんぱく質の性質を押さえよう。

➡ 油脂の計算をらくにするポイントをマスターしよう。

➡ 核酸の役割と構成粒子を押さえよう。

▶§1 糖類

糖類は一般式 $C_nH_{2m}O_m$ で表される天然高分子化合物です。

この一般式を $C_n(H_2O)_m$ と書き換えると、まるで炭素 C と水 H_2O からできて
いる化合物かのように表せます。よって**炭水化物**ともいわれます。

高分子に相当するのは多糖類ですが、それを構成する単糖類で糖類の基本を
学び、二糖類で結合の基本を学びましょう。

単糖と単糖の間の結合（−O−）を**グリコシド結合**といいます。

①単糖類 $C_6H_{12}O_6$

単糖の一般式は $C_nH_{2n}O_n$ ですが、糖類という分野で登場する単糖は、基本的にC数が6のもので、**分子式 $C_6H_{12}O_6$（分子量180）** で表されるものです。

単糖はグルコースとフルクトースの2つを学ぶと、必要なことを全てクリアできます。1つずつ、確認していきましょう。

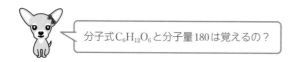

分子式 $C_6H_{12}O_6$ と分子量180は覚えるの？

覚えることを強くオススメするよ。これ覚えるだけで、多糖類の計算とかすごくラクになるよ。

(1) グルコース（ブドウ糖）

生体内でエネルギー源になる糖です。

コンビニエンスストアでも飴玉のように小分け包装にして売っていますね。

グルコースの結晶は次のような環状構造からできています。

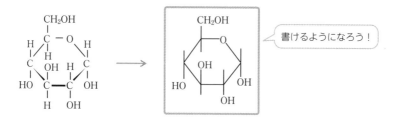

書けるようになろう！

入試で一番よく与えられるのが、左の表記です。

これを本書では右のような略記で表現していきます。みなさんも、糖類の問題を解くときは右のような略記で考えるとスピーディーだと思います（解答欄には指定された形で書いてください）。

特徴としては

・環を構成しているC原子は省略している（ベンゼン環と同じ）

・環を構成しているC原子に結合しているH原子も省略している（ベンゼン環と同じ）

・環を全て同じ太さで書いている（左の表記は環の手前を太く、奥を細く書いてある）

ということです。

　まずはこの表記を受け入れてください。そして、使ってください。

　ここで気をつけなくてはならないのは、左の表記でさえ、正確な立体構造ではないということです。

　4つの原子や原子団と結合しているときは正四面体（➡第1章§2、p.11）ですから、本当の立体構造は次のようになります。

　一番右の炭素（●）に結合している−OHが下にあるとα型、上にあるとβ型といいます。

　よって、最初に確認した環状構造はα型です。

　このα型だけ、何も見なくても書けるようになってください。

　僕は、何回も書いたら自然と覚えたよ。手を動かして書こうね。

　そして、これから糖類を学ぶ上で立体構造に苦しんだら、紙にシャーペンを刺して考えてください。

　正確な模型など必要ありません。

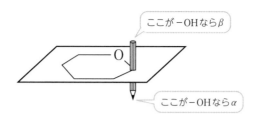

では、グルコースに戻りましょう。

環状構造には極性の大きい−OHが5つもあるので、水に溶解します。

水に溶けたとき鎖状構造になる糖は次の構造（**ヘミアセタール構造**）をもちます。

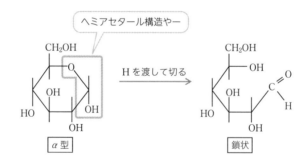

α−グルコースだと、下の赤く囲んだ部分です。

ヘミアセタール構造が壊れて鎖状になる逆向きは、有機化学で何度も登場したC＝O付加です。

このヘミアセタール構造の壊し方は、どんな糖でも同じです。

ここでしっかりマスターしておきましょう。

そして、α型のヘミアセタール構造が壊れた状態のままC=O付加が起これば、元のα型に戻ります。

しかし、単結合は自由に回転できますから、回転してC=O付加が起これば、β型になります。

そして、β型にもヘミアセタール構造があるので、水中で開環して鎖状になります。

以上より、グルコースは水中でα型・鎖状・β型の3つが平衡状態で存在します。

そして、鎖状構造にはホルミル基が存在するため、グルコースは還元性を示します。

α型を書くことができれば、鎖状とβ型はその場で作ることができるね。

炭素原子の番号のつけ方

炭素原子に1～6の番号をつけて認識していきます。

番号は「**鎖状になったときC=Oがある方の末端から**」1・2・…とつけていきます。

よってグルコースだと次のようになります。

糖の定量法

糖の定量に利用されているのがフェーリング反応（➡第4章§3①(2)②、p.99）です。

グルコースで確認していきましょう。

鎖状グルコース（ホルミル基）とフェーリング液（Cu^{2+}）の酸化還元反応により、酸化銅（Ⅰ）Cu_2Oの沈殿が生じます。

$$RCHO + 2Cu^{2+} + 5OH^- \longrightarrow RCOO^- + Cu_2O + 3H_2O$$ （➡第4章§3①(2)②、p.99）

過剰にフェーリング液を加えると全てのグルコースが反応するため、生じたCu_2Oの質量から、グルコースの定量をおこなうことができます。

$$\underline{RCHO \ mol = Cu_2O \ mol}$$

定量できるのは鎖状グルコースだけじゃないの？
α型やβ型はホルミル基をもたないからフェーリング反応陰性でしょ？

グルコースは『α型 ⇄ 鎖状 ⇄ β型』の平衡状態だよ。
確かに、ホルミル基をもつのは鎖状だけで、鎖状だけがフェーリング液
と反応するけど、反応してなくなると、平衡が移動するから、結局全て
のグルコースが反応することになるよ。

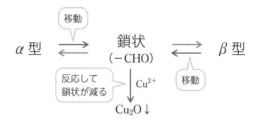

アルコール発酵

　グルコースの水溶液にチマーゼという酵素を加えると、エタノールと二酸化
炭素が生成します。

　これを**アルコール発酵**といいます。

$$C_6H_{12}O_6 \longrightarrow 2C_2H_5OH + 2CO_2$$

お酒の作り方だね。計算問題でよく出題されるよ。

(2) フルクトース (果糖)

甘みの強い糖で、はちみつにも含まれています。

グルコースのα型を覚えたように、フルクトースも1つの型を覚えましょう。

それが次に示すβ-フルクトピラノースです。

「ピラノース」は六員環を表しています。

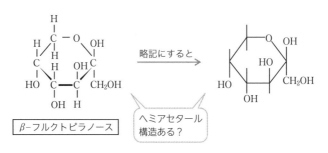

β-フルクトピラノース　略記にすると　ヘミアセタール構造ある？

どうしてα型じゃなくてβ型を覚えるの？　α型は存在しないの？

あとで登場するけど、α型も存在するよ。β型の方が存在率が高いから、β型のみ表記されていることが多いんだ。

グルコースのとき、ピラノースっていう表記はなかったわ。どうして？

これもあとで登場するけど、フルクトースにはフラノース（五員環）もあるんだ。

では、ヘミアセタール構造を探しましょう。

β-フルクトピラノースにヘミアセタール構造はありますか？

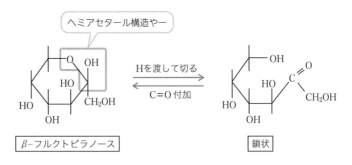

ヘミアセタール構造やー

β-フルクトピラノース　Hを渡して切る／C=O付加　鎖状

ヘミアセタール構造がありますね。

よって、水中で開環して鎖状構造になります。自分で手を動かして書いてみましょう。鎖状構造は作ることができますね。そして、グルコースと同じようにα-フルクトピラノースも平衡状態で共存します。

では、鎖状構造の状態でC原子に番号をつけておきましょう。

C=Oをもつ方の末端から1・2・…です。

では、鎖状構造からフラノース（五員環）を作っていきます。**5番のC原子に注目**してください。

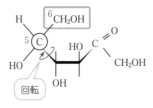

単結合は自由に回転できるので、5番のC原子に結合している−OHが奥（^{6}CH$_2$OHがある位置）になるように回転させます。

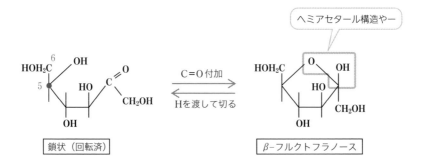

そうすると、5番のC原子の−OHとC=Oが近づきましたね。

このままC=O付加をおこなうとフラノース（五員環）の出来上がりです。

フラノースにもヘミアセタール構造があるため、開環して鎖状と平衡状態になります。そして、ピラノース同様、α型も存在します。

以上より、フルトースは水中で、「α−フルクトピラノース」「β−フルクトピラノース」「鎖状フルクトース」「α−フルクトフラノース」「β−フルクトフラノース」の5つが平衡状態になっています。

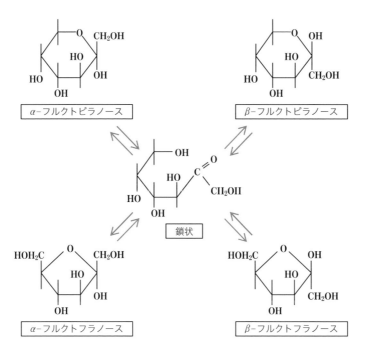

α-フルクトピラノース　　β-フルクトピラノース

鎖状

α-フルクトフラノース　　β-フルクトフラノース

どうしてグルコースには五員環がないの？

グルコースで五員環を作ってごらん？　フルクトース
と同じように考えれば作れるよ。

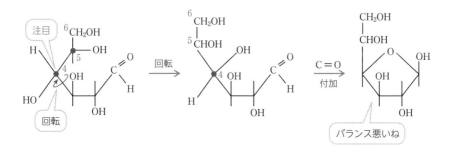

なんか、左上が頭でっかちでバランス悪そうだって考えたらいいよ。

フルクトースの還元性

鎖状フルクトースには還元性を示す部分があります（ヒドロキシケトン基）。

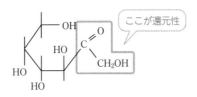

ここが還元性

ホルミル基ではないのに還元性を示すのは、水中で次のような平衡状態になっているからです。

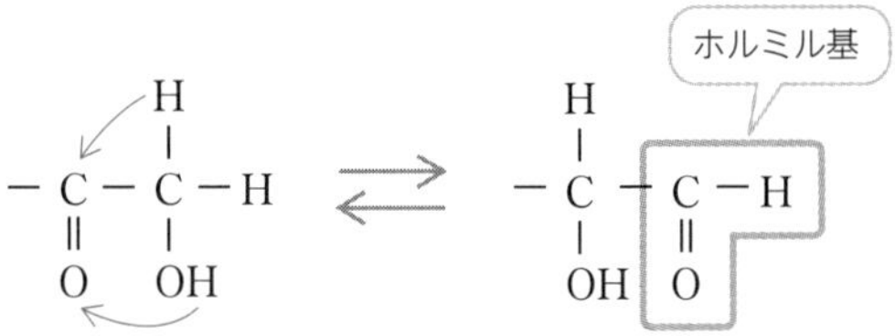

ホルミル基

$$-\overset{||}{\underset{O}{C}}-\overset{|}{\underset{OH}{C}}-H \rightleftharpoons -\overset{|}{\underset{OH}{C}}-\overset{||}{\underset{O}{C}}-H$$

このように、ヘミアセタール構造をもつ糖は水中で開環し、還元性を示します。

ポイント

単糖類 $C_6H_{12}O_6$（分子量180）

グルコース（ブドウ糖）

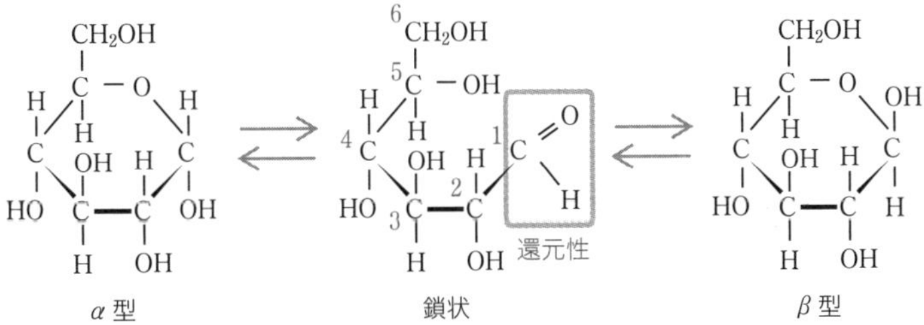

α 型 　　　　　 鎖状 　　　　　 β 型

フルクトース（果糖）

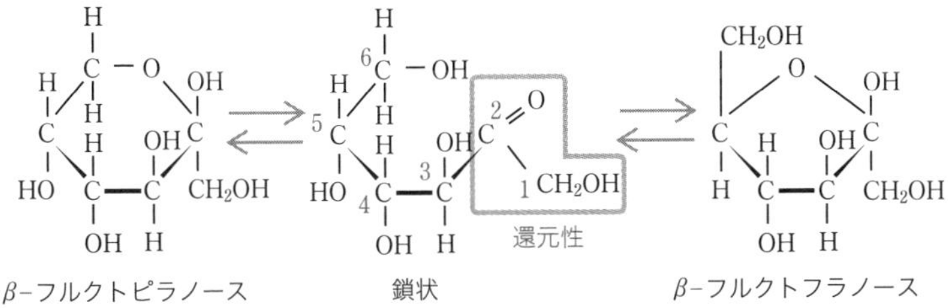

β-フルクトピラノース 　　　　 鎖状 　　　　 β-フルクトフラノース

定量法 ⇒ フェーリング反応

アルコール発酵 ⇒ **酵素を加えるとエタノールと二酸化炭素**

②二糖類 $C_{12}H_{22}O_{11}$

単糖2つが脱水縮合し、グリコシド結合でつながった状態が二糖です。

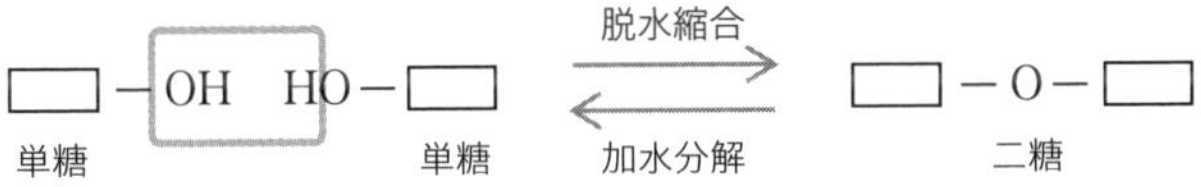

よって、分子式は

$C_6H_{12}O_6 \times 2 - H_2O = \underline{\mathbf{C_{12}H_{22}O_{11}}}$

分子量は

$$180 \times 2 - 18 = \underline{342}$$

となります。その場で作ることができますね。

　二糖類でマスターすべきことは「代表的な二糖類の構成単糖を頭に入れること」「その上で単糖同士の結合を学ぶこと」です。

　では、4つの代表的な二糖を、手を動かしながら作ってみましょう。

（1）マルトース（麦芽糖）　α-グルコース＋α-グルコース（1,4結合）

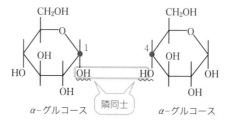

CH₂OH　　　　　　　CH₂OH

O　　　　　　　　　O

OH　1　　　　　　4　OH

HO　　　　　　　　　　　　OH

OH　　　　　　　　　OH

α-グルコース　　隣同士　　α-グルコース

　α-グルコースを並べて書くと、1位の−OHと4位の−OHは隣同士なので、このまま脱水縮合させればマルトースの出来上がりです。

ヘミアセタール構造やー

　ヘミアセタール構造がありますね。

　よって、水中で開環しホルミル基を生じるため、<u>還元性をもつ二糖</u>です。

　そして、加水分解酵素は**マルターゼ**です。

構成単糖と結合部位が頭に入っていれば作れるわね。

そうだよ。知らない二糖は構成単糖と結合部位を与えられるから、その場で対応できるよ。

(2) スクロース (ショ糖)　α-グルコース + β-フルクトフラノース (1,2結合)

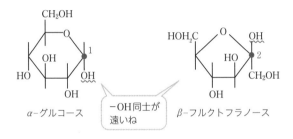

α-グルコースとβ-フルクトフラノースを並べて書くと、2つの−OHが離れていることがわかります。

　よって、このまま脱水縮合させることはできないので、β-フルクトフラノースの−OHをα-グルコースの−OHの隣にもっていきましょう。

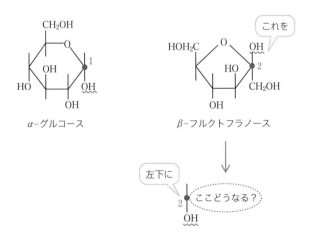

このとき、β–フルクトフラノースがどうなっているか、一度手を動かして書いてみてくださいね。

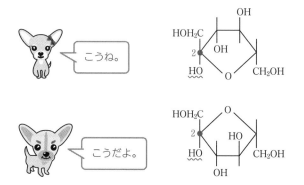

β–フルクトフラノースの五員環が逆を向いている人は、立体構造であることを忘れています。

回転させても、(右)上にある−OHは(左)上のまま変わりません。

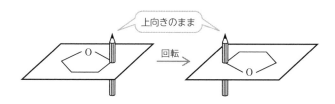

<u>右上の−OHを左下に移動させるには、左右にひっくり返す</u>必要があります。

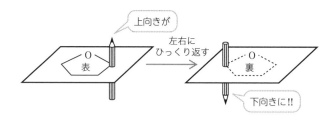

よって、スクロースは次のようになります。

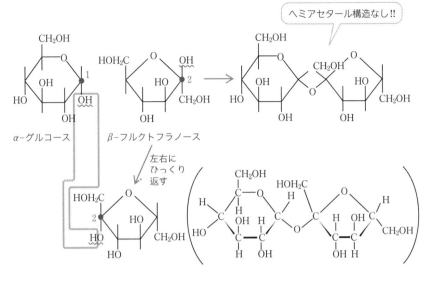

スクロースには、ヘミアセタール構造がありません。

よって、スクロースは

　　水中で開環しない　⇒　還元性を示す官能基を生じない

　　　　　　　　　　⇒　**還元性をもたない**

となります。

　また、スクロースを分解酵素**インベルターゼ（スクラーゼ）**や酸を用いて加水分解すると、グルコースとフルクトースの等量混合物が得られます。これを**転化糖**といいます。

『インベルターゼ』とか『転化糖』ってスクロースって名前と関係ないから覚えにくいわね。

じゃ、記憶に残るように確認しておこうね。
右旋性のものが左旋性になったり、左旋性のものが右旋性になったり、旋光性が変化することを『転化 (invert)』っていうんだよ。
スクロースを加水分解すると転化が起こるんだ。

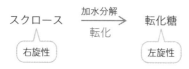

だから分解酵素を『インベルターゼ』、生成物を
『転化糖』っていうのね。もう覚えたわ。

(3) セロビオース　β-グルコース (1,4結合)

β-グルコースを並べて書くと、1位と4位の−OHは (近いけれど) 隣ではあ
りません。隣同士になるように、工夫してみましょう。

2通りの方法があります。1つ目は「上下に少しずらす」です。

では、真横に並べた状態で1位と4位の−OHを隣同士にするには、どうすればいいか考えてみてください。

　正解は「上下にひっくり返す」です。

　では、これを使ってセロビオースを作ってみましょう。

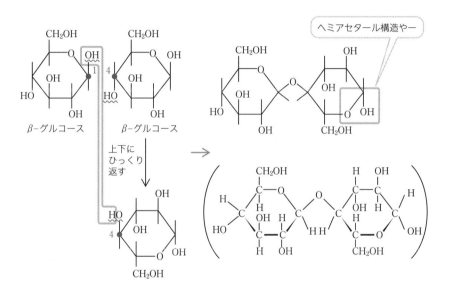

セロビオースにはヘミアセタール構造がありますね。
よって、水中で開環しホルミル基を生じるため還元性を示します。

セロビオースの分解酵素は**セロビアーゼ**です。

結局セロビオースって、「縦にズラす」のと
「ひっくり返すの」どっちで書いてもいいの？

セロビオースを選択肢から選ぶ問題はどちらの表記もあるから、
知っておこうね。
セロビオースがたくさんつながった状態が多糖類のセルロースなん
だけど、セルロースのときは「ひっくり返したもの」の表記になるよ。

(4) ラクトース (乳糖)　β−ガラクトース* ＋β−グルコース (1,4結合)

＊ガラクトース　⇒　グルコースの4位の−OHと−Hが逆転したもの

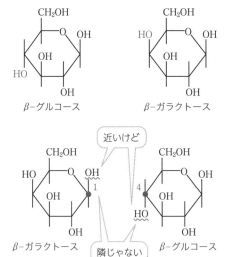

β-ガラクトースとα-グルコースを並べて書くと、2つの-OHは（近いけど）離れています。(3)のセロビオースと同じですね。

上下にひっくり返して脱水縮合するとラクトースの出来上がりです。

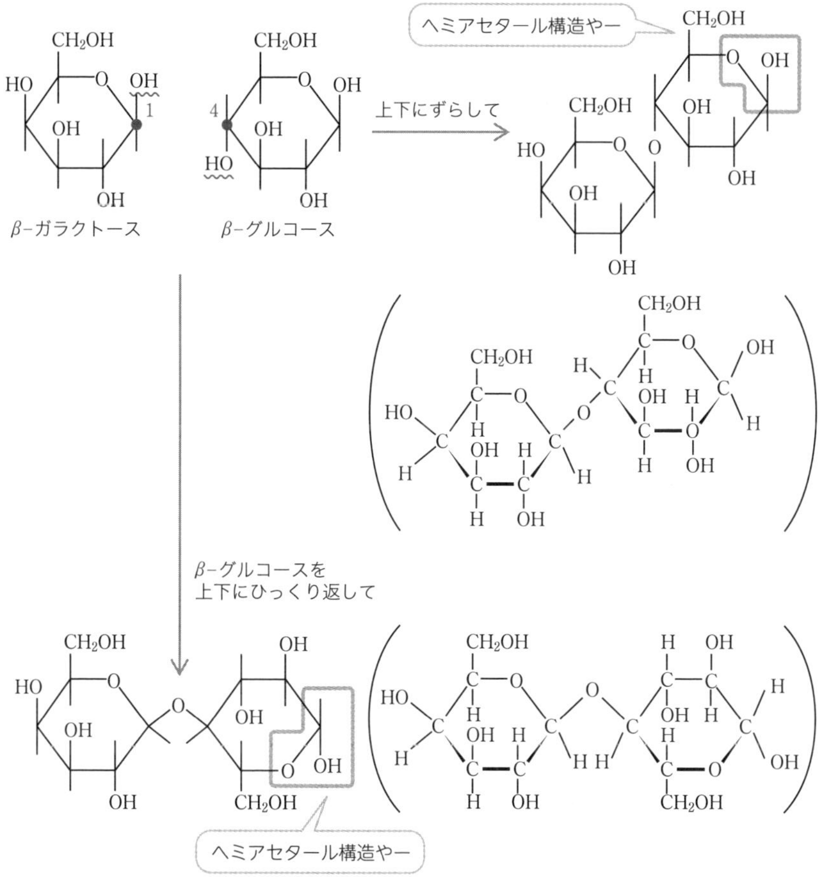

β-ガラクトース　　　β-グルコース

上下にずらして

ヘミアセタール構造やー

β-グルコースを
上下にひっくり返して

ヘミアセタール構造やー

ラクトースにはヘミアセタール構造がありますね。

よって還元性を示します。

加水分解酵素は**ラクターゼ**です。

ラクトースの構成単糖を『β-ガラクトース＋$\dot{\alpha}$-グルコース』って書いてあるのを見たことあるわ？

ヘミアセタール構造の部分は結局、水中で開環して平衡状態になるから、どちらの表記でも同じなんだ。

ポイント

二糖類 $C_{12}H_{22}O_{11}$ （分子量342）

名称	構成単糖	分解酵素	還元性
マルトース（麦芽糖）	α-グルコース＋α-グルコース 1,4結合	マルターゼ	有
スクロース（ショ糖）	α-グルコース＋β-フルクトフラノース 1,2結合	インベルターゼ（スクラーゼ）	無
セロビオース	β-グルコース＋β-グルコース 1,4結合	セロビアーゼ	有
ラクトース（乳糖）	β-ガラクトース＋β-グルコース 1,4結合	ラクターゼ	有

③多糖類 $(C_6H_{10}O_5)_n$

単糖がたくさん（n個）、グリコシド結合でつながっているのが多糖です。

$$\boxed{}-O-\boxed{}-O-\cdots\cdots\cdots\cdots-\boxed{}$$

$$\underbrace{}_{\text{単糖×}n\text{個}}$$

よって、分子式は

$$(C_6H_{12}O_6-H_2O)\times n=\underline{\mathbf{(C_6H_{10}O_5)}_n}$$

分子量は

$$(180-18)\times n=\underline{\mathbf{162}n}$$

となります。その場で作ることができますね。

末端は脱水されないから、分子式は $H-(C_6H_{10}O_5)_n-OH$、
分子量は $162n+18$ じゃないの？

$$HO-\boxed{}-O-\boxed{}-O-\boxed{}-O-\cdots\cdots-\boxed{}-OH$$

正確にはそうだね。だけど、ここからが本当の意味での高分子だよ。
分子量が10000を超えていくんだ。末端の18に注目する意味があるかな？

そっか。全体が大きいから、末端なんて見なくていいのね。

そうだね。ただ、末端を無視していいのは、純粋な
多糖であるデンプンとセルロースだけだよ。
問題に「部分的に加水分解」とか表記があったら、も
う末端を無視したらダメだよ。
n が整数にならずにパニックになったりするからね。

そして、**多糖類は全て還元性がありません。**

右末端にはヘミアセタール構造がありますが、水中で開環するのは巨体な分子の右末端だけです。

生じるホルミル基の濃度が小さすぎるため、フェーリング液を加えても酸化銅(Ⅰ)の赤色沈殿は生じません。

よって、事実上「還元性を示さない」となります。

(1) デンプン　α-グルコース×n

デンプンを温水に入れると、溶解する部分と溶解しない部分に分かれます。

このことから、デンプンは性質の異なる2つの成分の混合物であることがわかります。

それぞれを**アミロース**、**アミロペクチン**といいます。

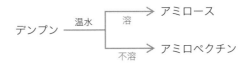

アミロースとアミロペクチンの決定的な違いは「1,6結合の有無」です。

　　アミロース　⇒　1,4結合のみ

　　アミロペクチン　⇒　1,4結合＋**1,6結合**

　では、構造を確認していきましょう。

アミロース(1,4結合のみ)

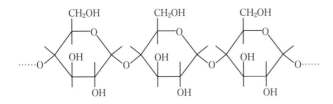

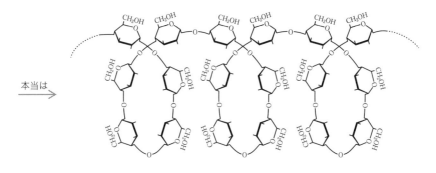

本当は →

α-グルコースの1,4結合なので「二糖類のマルトースが脱水縮合でつながっ
ている」と、とらえることができます。

α-グルコースの1,4結合は直線ではなく、**らせん構造**になります。

どうして真っ直ぐつながっていかないの？

2つのことを思い出してみようね。共有結合が安定な角度って覚えてる？

アルケンでπ結合の本当の姿を確認するときにやった！　90〜180°でしょ。

よく覚えていたね。そしてグルコースの本当の構造は
こんなだよ。1位と4位だけに注目して略記にするね。

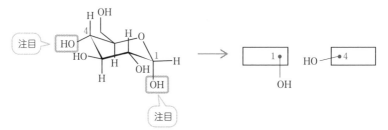

真横に並ぶと結合角度がマズイね。自然界に安定して存在しないよね。だから、結合角度を大きくするために、少し折れ曲がって結合していると考えるといいね。

アミロペクチン（1,4結合＋1,6結合）

アミロースとの違いは1,6結合があることです。

1,6結合は「枝分かれ」を意味します。

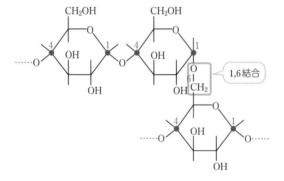

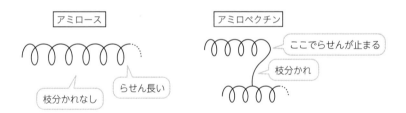

本当は →

そして、図を見るとわかる通り、枝分かれ部分でらせんが途切れます。すなわち「**枝分かれがある ＝ らせんが短い**」ということなのです。

アミロース	アミロペクチン

ここでらせんが止まる

枝分かれ

らせん長い

枝分かれなし

以上より、

　アミロースは

　　　1,4結合のみ　⇒　枝分かれなし　⇒　**らせんが長い**

　アミロペクチンは

　　　1,4結合＋**1,6結合**　⇒　枝分かれがある　⇒　**らせんが短い**

となります。

α-グルコースの1,4結合でできたらせん構造に、ヨウ素I_2分子が取り込まれることで呈色します。

らせんが長いほど、たくさんのI_2分子が取り込まれていきます。

よって、**ヨウ素デンプン反応は、らせんの長さで色が変わります。**

加熱するとヨウ素デンプン反応の呈色はなくなりますが、冷却すると元の呈色がみられます。

デンプンの加水分解

デンプンの分解酵素は唾液に含まれる**アミラーゼ**という酵素です。

加水分解が部分的に進み、様々な長さのらせん構造の混合物になっている状

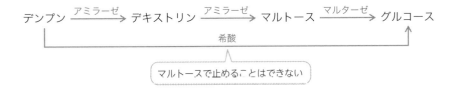

態を**デキストリン**といいます。

　加水分解が十分に進行すると、二糖類のマルトースになります。

　また、希酸を用いて加水分解をおこなうと、二糖類で止めることはできず、単糖類のグルコースまで進行します。

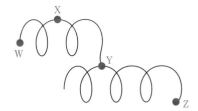

応用：アミロペクチンの枝分かれの数

　「アミロペクチン1分子あたり、どのくらいの枝分かれがあるのか」は次のような方法で求めることができます。

まず、アミロース中のグルコースを4種に分けます。

左末端のグルコース ⇒ **W**
連鎖部のグルコース ⇒ **X**
分枝部のグルコース ⇒ **Y**
右末端のグルコース ⇒ **Z**

（i）グルコース単位に存在する$-OH$をメチル化して$-OCH_3$へ

（ii）希酸を用いてグリコシド結合を加水分解

注意!!　<u>1位の$-OCH_3$は加水分解を受け$-OH$へ</u>

W

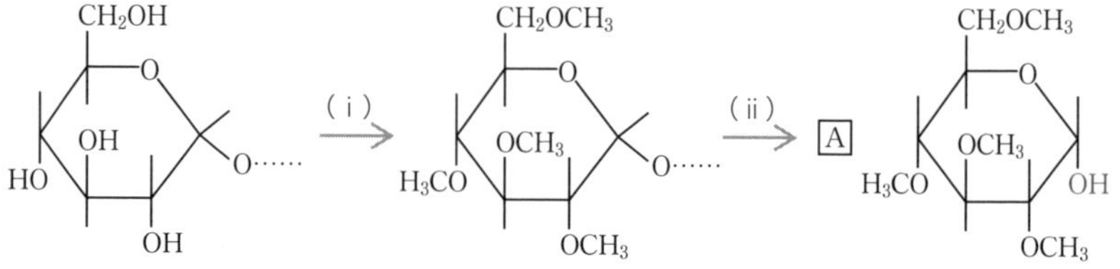

（分子量236）

X

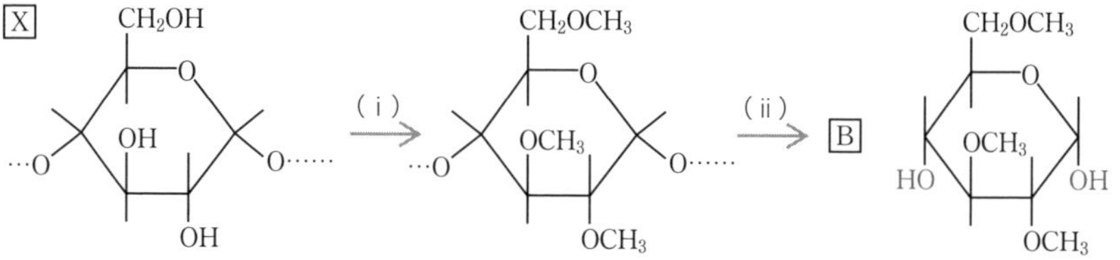

（分子量222）

Y

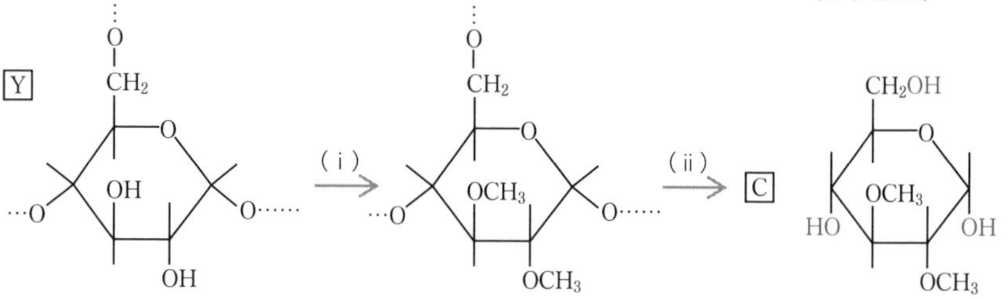

（分子量208）

Z

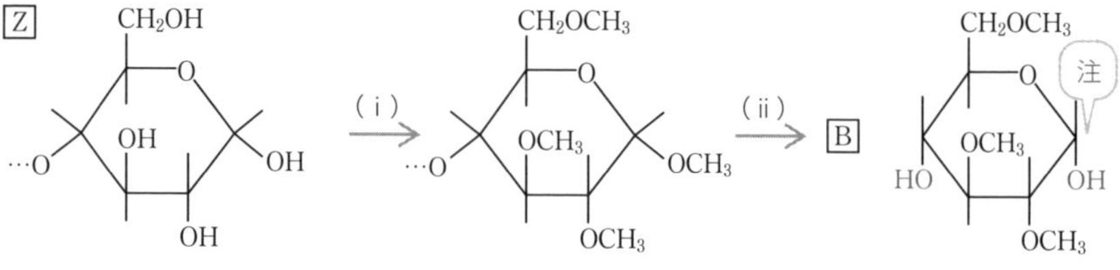

生成したA・B・Cを分離し、それぞれの質量を測定後、物質量の比にする。

例　実験により得られたAが0.142g、Bが3.064g、Cが0.125gとすると

$$A : B : C = \frac{0.142}{236} : \frac{3.064}{222} : \frac{0.125}{208}$$

$$= 0.0006 : 0.0138 : 0.0006$$

$$\fallingdotseq \underline{1 : 23 : 1}$$

以上より、グルコース25個に1ヶ所の割合で枝分かれが存在していることがわかる。

Zの1位の−OCH$_3$だけ加水分解を受けるのがわからないわ。

そう？　二糖類の加水分解は？

え？　二糖類は二糖類でしょ？　加水分解して単糖になるのは当たり前じゃない。

Zの1位の−OCH$_3$が加水分解されるのは、二糖類の加水分解と全く同じだよ。
右の単糖がメチル基に変わっているだけだよ。

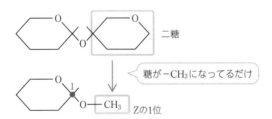

二糖

糖が−CH$_3$になってるだけ

Zの1位

ヘミアセタール構造部分のグリコシド結合は加水分解を受けるって考えたらいいね。

多糖類 $(C_6H_{10}O_5)_n$ （分子量$162n$）還元性なし

デンプン　α-グルコース$\times n$

　ヨウ素デンプン反応 青紫、分解酵素 アミラーゼ

　・アミロース　⇒　1,4結合のみ、らせん長い

　　⇒　ヨウ素デンプン反応 青

　・アミロペクチン　⇒　1,4結合＋1,6結合、らせん短い

　　⇒　ヨウ素デンプン反応 赤紫

(2) セルロース　β-グルコース$\times n$　（1,4結合）

　β-グルコースの1,4結合なので「二糖類のセロビオースが脱水縮合でつながっている」と、とらえることができます。

　β-グルコースの1,4結合は**直線**になります。

　よって、デンプンのようにヨウ素I_2分子が取り込まれないため、**ヨウ素デンプン反応は陰性**です。

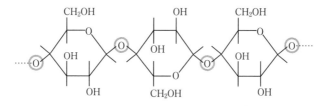

グリコシド結合がα位とβ位の繰り返し

直線

『直線』じゃなくて『直鎖』じゃないの？
それともどっちでもいいのかしら？

なるほど。ゆうこちゃん、アミロースとアミロペクチン
の構造をそれぞれ説明してごらん。

アミロース

アミロペクチン

アミロースは…直鎖のらせん。アミロペクチンは…枝分かれのらせん…？

そうだね。『直鎖』は枝分かれのない状態だね。
もし、セルロースを『直鎖』と表現すると、『アミロースだって直鎖だ』っ
て突っ込まれるよ。
『らせんではない』ということがデンプンとの違いだから『直線』が正解だ。

　直線なので、分子同士が接近できます。

　そして、グルコース単位には−OHがあるため、分子間で多数の水素結合を
形成して分子同士が強く結びつき、非常に強く安定な繊維です。

　上記の理由から、冷水はもちろん**熱水や有機溶媒にも溶解しません**。

　セルロースの分解酵素は**セルラーゼ**という酵素です。

　加水分解が十分に進行すると、二糖類のセロビオースになります。

　また、希酸を用いて加水分解をおこなうと、二糖類で止めることはできず、単糖類のグルコースまで進行します。

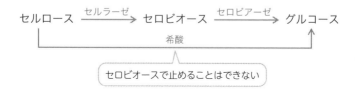

//////////////

🖐ポイント

　セルロース　β–グルコース $\times n$（1,4結合）

　　直線型

　　　・ヨウ素デンプン反応陰性

　　　・水素結合で非常に安定　⇒　熱水や有機溶媒に不溶

　　加水分解酵素　⇒　セルラーゼ

---

(3) セルロース工業

　木綿や麻のようにそのまま使用するセルロースもありますが、化学的に手を加えるものもあります。

　そのときセルロースを溶媒に溶解させる必要がありますが、セルロースは分子間の水素結合により、熱水にも有機溶媒にも溶解しません（➡ p.219）。

　そのため、セルロース工業のポイントは「セルロースを溶媒に溶かすこと」すなわち「分子間水素結合を壊すこと」です。

(i) 再生繊維

　木材のように繊維の短いセルロースは、溶媒に溶かし、長い繊維に再生させます。これを**再生繊維（レーヨン）**といいます。

$$
\text{セルロース} \xrightarrow{\text{強塩基}} \text{溶液} \xrightarrow{\text{希酸}} \text{再生繊維}
$$

（繊維短い）　　　　　　　　　　　　　（繊維長い）

　溶解させるときに利用するのが強塩基です。OH^- でセルロースの $-OH$ を電離させて壊します。

　これにより、水素が壊れていくのです。

　再生繊維は、長さが変わるだけで、セルロース自体の構造が変化するわけではありません。

銅アンモニアレーヨン（キュプラ）

　使用する強塩基は、水酸化銅（Ⅱ）$Cu(OH)_2$ を濃アンモニア NH_3 水に溶解させた溶液で、**シュバイツァー試薬**といいます。

$$
Cu(OH)_2 + 4NH_3 \longrightarrow [Cu(NH_3)_4](OH)_2
$$

　セルロースをシュバイツァー試薬に溶解させると、粘性のあるコロイド溶液になります。

　この溶液を細孔（注射器など）から希硫酸中に押し出すと、セルロースが再生します。

$$
\text{セルロース} \xrightarrow{\text{シュバイツァー試薬}} \text{溶液} \xrightarrow{\text{希}H_2SO_4aq} \text{銅アンモニアレーヨン}
$$

キュプラって、服の裏地とかでしょ？　聞いたことあるわ。

そうだよ。ゆうこちゃんのスカートの裏地もきっとキュプラだよ。

シュバイツァー試薬の化学式 $[Cu(NH_3)_4](OH)_2$ って書けなきゃいけない？

再生繊維で問われることは少ないけど、無機化学で錯イオンは必須だね。ここでは、Cu^{2+} が電離したセルロースと安定な錯体を作るよ。

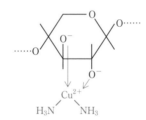

ビスコースレーヨン

　セルロースを濃水酸化ナトリウム水溶液で処理し（アルカリセルロース）、二硫化炭素 CS_2 を加え（セルロースキサントゲン酸ナトリウム）、希水酸化ナトリウム水溶液に溶解させると**ビスコース**とよばれるコロイド溶液になります。

　この溶液を細孔（注射器など）から希硫酸中に押し出すと、セルロースが再生します。

　これを**ビスコースレーヨン**といいます。

　スリットから押し出すと、膜状の再生繊維**セロハン**となります。

セルロース $\xrightarrow{\text{濃NaOH}_{aq}}$ アルカリセルロース $\xrightarrow{\text{CS}_2}$ セルロースキサントゲン酸ナトリウム

$\xrightarrow{\text{希NaOH}_{aq}}$ ビスコース $\xrightarrow{\text{H}_2\text{SO}_{4\,aq}}$ ビスコースレーヨン

ちょっと複雑で心が折れそう……。

そんなに深く問われることはないけど、せっかくだから、ゆっくり向き合ってみよう。

まず水酸化ナトリウムで塩基性にするから、電離してナトリウム塩になるよ。

$$R-OH \xrightarrow[\text{H}_2\text{O}]{\text{NaOH}} R-O^-Na^+$$

セルロース　　　　　　　アルカリセルロース

次に $R-O^-$ が CS_2 の C（プラスに帯電）を狙うよ。

セルロースキサントゲン酸ナトリウム

この状態になると、溶媒に溶けやすくなるよ。

水酸化ナトリウム水溶液に溶かしたあとは銅アンモニアレーヨンと同じだね。

(ⅱ) 半合成繊維 (セルロース誘導体)

　再生繊維はセルロースの長さが変化するだけなのに対し、**半合成繊維は化学反応によりセルロースの−OHを違う形（極性の小さい形）に変化**させ、有機溶媒に溶解させていきます。

　グルコース単位（繰り返し単位）には3つの−OHがあり、そのうち1つでもアセチル化（➡第5章§2(2)⑤、p.141）されると「アセチルセルロース」、硝酸エステル化（➡第4章§4①(2)③応用、p.114）されると「ニトロセルロース」といいます。

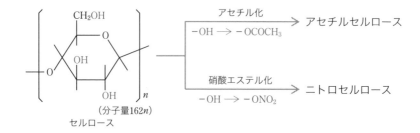

硝酸エステル化じゃなくて、ニトロ化でもいい？

ダメだよ。アルキル基Rに−NO₂が直結していたらニトロ
化合物で反応はニトロ化だけど、酸素O原子を挟んでいた
ら（−O−NO₂）硝酸エステルだから、エステル化だよ。

アセチルセルロース

　セルロースを完全にアセチル化すると、**トリアセチルセルロース**が生成します。

$$[C_6H_7O_2(OH)_3]_n + 3n(CH_3CO)_2O$$
$$\longrightarrow [C_6H_7O_2(OCOCH_3)_3]_n + 3nCH_3COOH$$

　トリアセチルセルロースはほぼ無極性なので、四塩化炭素のような無極性の有機溶媒にしか溶解しません。

　そこで、一部を加水分解*して極性をもたせると、アセトンに溶解します。この溶媒を細孔から押し出し、温風でアセトンを蒸発させると**アセテート繊維**が得られます。

*3つあるアセチル基のうち1つ（平均値）を−OHに戻します。2つがアセチル基のままなので、ジアセチルセルロースといいます。

トリアセチルセルロースは四塩化炭素に溶けるんでしょ？
四塩化炭素じゃダメなの？

四塩化炭素が高価なんだ。工業的に何かを
作るときはコストが大切だからね。
ちなみにアセトンの製法覚えてる？

クメン法!!(➡第5章§2(3)③、p.145)

正解！　頑張り屋さんだね。こうやって、
いろんなことがつながっていくよ。

ニトロセルロース

セルロースを完全に硝酸エステル化すると、**トリニトロセルロース**が生成します。

$$[C_6H_7O_2(OH)_3]_n + 3nHNO_3 \longrightarrow [C_6H_7O_2(ONO_2)_3]_n + 3nH_2O$$

トリニトロセルロースは、燃焼速度が非常に大きく点火すると爆発します。よって、無煙火薬の原料に用いられています。

また一部を加水分解した**ジニトロセルロース**は、エーテルとエタノールの混合溶液に溶解し、これを**コロジオン**といいます。コロジオンの溶媒を蒸発させて膜状にしたものが半透膜です。

半合成繊維の計算

半合成繊維は計算問題が出題されます。

苦手な人が多いですが、立式は極めてシンプルです。ゆっくり向き合っていきましょう。

半合成繊維の計算問題を解くポイントは

　「官能基が変わっても、全体量は変化しない」

$\Rightarrow$ **セルロースの mol ＝ アセチルセルロースの mol**

セルロースの mol ＝ ニトロセルロースの mol

です。

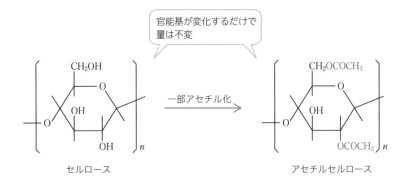

物質量をイコールで結ぶだけなので立式は簡単です。

では、なぜ難しく感じるのでしょうか。

それは、生成する半合成繊維の分子量をスピーディーに書くことができない

からです。

▼ 半合成繊維の分子量

セルロースがグルコース単位にもつ−OH は 3 つです。

そのうち x 個がアセチル化されたアセチルセルロースの分子量を x を使って

表しましょう。

$$\text{セルロース} \xrightarrow{\text{3個中}x\text{個がアセチル化}} \text{アセチルセルロース}$$
$$\text{分子量162}n \qquad\qquad\qquad\qquad \text{分子量は？}$$

1 つの−OH がアセチル化されると、分子量は 42 増加します。

$$-\text{OH} \xrightarrow[+42]{\text{アセチル化}} -\text{OCOCH}_3$$

よって、x 個がアセチル化されると、分子量は $42x$ 増加します。

以上より、アセチルセルロースの分子量は **$(162+42x)n$** となります。

セルロース $\xrightarrow{\text{−OH 3個中}x\text{個がアセチル化}}$ アセチルセルロース

分子量 $162n$ 分子量 $(162+\underline{42x})n$

> グルコース単位で
> 分子量が $+42x$

あとは、セルロースの物質量とアセチルセルロースの物質量を等式にするだけです。

> 今まで x 個がアセチル化されたアセチルセルロースの構造式を書いて考えてたわ。
> だから時間がかかったのね。

> そうだね。書くのは『−OH ⟶ −OCOCH₃』だけでいいね。

同様に、3個中 x 個の−OH が硝酸エステル化されたニトロセルロースの分子量を x を使って表しましょう。

セルロース $\xrightarrow{\text{3個中}x\text{個が硝酸エステル化}}$ ニトロセルロース

分子量 $162n$ 分子量は？

1つの−OH が硝酸エステル化されると、分子量は45増加します。

$$-OH \xrightarrow[+45]{\text{硝酸エステル化}} -ONO_2$$

よって、x 個が硝酸エステル化されると、分子量は $45x$ 増加します。

以上より、ニトロセルロースの分子量は **$(162+45x)n$** となります。

あとは、セルロースの物質量とニトロセルロースの物質量を等式にするだけです。

手を動かして練習してみよう!!

セルロース9.0gに濃硝酸と濃硫酸の混合物を作用させたところ、ニトロセルロース14.0gが生成した。このとき、セルロース分子中のヒドロキシ基で硝酸エステル化されたのは何％？

解：

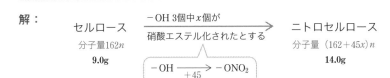

セルロース
分子量162n
9.0g

$-$OH 3個中 x 個が
硝酸エステル化されたとする

$-$OH $\xrightarrow{+45}$ $-$ONO$_2$

ニトロセルロース
分子量 $(162+45x)n$
14.0g

セルロースとニトロセルロースの物質量は等しいため、

$$\frac{9.0}{162n} = \frac{14.0}{(162+45x)n} \qquad x=2$$

よって、硝酸エステル化されたヒドロキシ基は

$$\frac{2}{3} \times 100 = 66.6 \qquad \underline{67\%}$$

🖐ポイント

セルロース工業

再生繊維（レーヨン）　セルロースの長さが変わる

・銅アンモニアレーヨン（キュプラ）：シュバイツァー試薬を使用

・ビスコースレーヨン

半合成繊維　化学反応を利用して官能基を変える

・アセチルセルロース：セルロースをアセチル化

セルロースの mol ＝ アセチルセルロースの mol

分子量162n　　　　分子量 $(162+42x)n$

・ニトロセルロース：セルロースを硝酸エステル化

セルロースの mol ＝ ニトロセルロースの mol

分子量162n　　　　分子量 $(162+45x)n$

§2 油脂

①油脂

動植物がもつ疎水性物質が**油脂**です。

(1) 油脂の構造

まずは、油脂の構造と向き合ってみましょう。

$$
\begin{array}{l}
CH_2-O-C-R_1 \\
\qquad\qquad \parallel \\
\qquad\qquad O \\
CH-O-C-R_2 \\
\qquad\quad \parallel \\
\qquad\quad O \\
CH_2-O-C-R_3 \\
\underbrace{}_{C_3H_5} \quad \parallel \\
\qquad\qquad O
\end{array}
$$

示性式
$C_3H_5(OCOR_1)(OCOR_2)(OCOR_3)$

一見複雑に見えますが、エステル結合を3つもつ3価のエステルです。

示性式は「C_3H_5に($OCOR_1$)、($OCOR_2$)、($OCOR_3$)が結合している」と表現します。

Rが全て同じときには『$C_3H_5(OCOR)_3$』になるよ。

そして、油脂の構造を決定する問題で決め手になるのが不斉炭素原子の有無です。

油脂中の炭素C原子で不斉炭素原子になる可能性があるのは、真ん中のC原子です。

ここ →
$$
\begin{array}{l}
CH_2-O-C-R_1 \\
\qquad\qquad \parallel \\
\qquad\qquad O \\
{}^{*}CH-O-C-R_2 \\
\qquad\qquad \parallel \\
\qquad\qquad O \\
CH_2-O-C-R_3 \\
\qquad\qquad \parallel \\
\qquad\qquad O
\end{array}
$$

ただし、不斉炭素原子になるのは「$R_1 \neq R_3$」を満たしているときです。

示性式$C_3H_5(OCOR_1)_2(OCOR_2)$で表される油脂で考えてみましょう。
示性式は1つですが、構造式は2つ考えられますね。

（ i ）
$$CH_2 - O - C - \boxed{R_1}$$
$$\| $$
$$O$$
$$^*CH - O - C - R_1$$
$$\|$$
$$O$$
$$CH_2 - O - C - \boxed{R_2}$$
$$\|$$
$$O$$

異なる

（ ii ）
$$CH_2 - O - C - \boxed{R_1}$$
$$\|$$
$$O$$
$$CH - O - C - R_2$$
$$\|$$
$$O$$
$$CH_2 - O - C - \boxed{R_1}$$
$$\|$$
$$O$$

同じ

（ i ）は「$R_1 \neq R_2$」の条件を満たしているため、不斉炭素原子が存在しますが、（ ii ）は満たしていないため、不斉炭素原子は存在しません。

このように、不斉炭素原子の有無は、油脂の構造を決める大切な情報となります。

(2) 油脂の反応

油脂は3価の「エステル」なので、加水分解を起こします。

通常のエステルの加水分解と同じです（➡第4章§4②(2)、p.117）。3つのエステル結合を加水分解してみましょう。

$$CH_2 - O - C - R_1$$
$$\|$$
$$O$$
$$CH - O - C - R_2 \quad \xrightarrow[H^+]{3H_2O} \quad$$
$$\|$$
$$O$$
$$CH_2 - O - C - R_3$$
$$\|$$
$$O$$

$$CH_2 - OH \quad R_1COOH$$
$$|$$
$$CH - OH \quad + \quad R_2COOH$$
$$|$$
$$CH_2 - OH \quad R_3COOH$$

グリセリン　　　　高級脂肪酸

加水分解によって生じる3価のアルコールを**グリセリン**、カルボン酸を**高級脂肪酸**といいます。

> 油脂を構成しているのは、炭素数が多い1価のカルボン酸なんだ。
> 『炭素数が多い ⇒ 高級』『1価のカルボン酸 ⇒ 脂肪酸』だから高級脂肪酸っていうんだよ。

そして、水酸化ナトリウムなどの塩基を用いるとけん化が起こり、グリセリンと高級脂肪酸の塩が生成します。

$$
\begin{array}{l}
CH_2 - O - \underset{\underset{O}{\|}}{C} - R_1 \\
| \\
CH - O - \underset{\underset{O}{\|}}{C} - R_2 \quad \xrightarrow[けん化]{3NaOH} \\
| \\
CH_2 - O - \underset{\underset{O}{\|}}{C} - R_3
\end{array}
\qquad
\begin{array}{l}
CH_2 - OH \qquad R_1COONa \\
| \\
CH - OH \quad + \quad R_2COONa \\
| \\
CH_2 - OH \qquad R_3COONa \\
\boxed{セッケン}
\end{array}
$$

このとき生じる高級脂肪酸の塩を**セッケン**といいます。

(3) 知っておくべき高級脂肪酸

自然界に存在する油脂を構成する高級脂肪酸の多くは、炭素数が16と18のものです。

特に炭素数18の高級脂肪酸はよく出題されます。

次の表の高級脂肪酸については「名称」と「C=C数」を覚えましょう。計算問題を解くときに必ず役立ちます。

●代表的な高級脂肪酸

炭素数	名称	C=C数	示性式
16	パルミチン酸	0	$C_{15}H_{31}COOH$
18	ステアリン酸	0	$C_{17}H_{35}COOH$
	オレイン酸	1	$C_{17}H_{33}COOH$
	リノール酸	2	$C_{17}H_{31}COOH$
	リノレン酸	3	$C_{17}H_{29}COOH$

示性式は覚えないの？

C=C数から作れるよ。
C=Cのない炭化水素はアルカンで、一般式はC_nH_{2n+2}だね。
Hを1つ取って−COOHで置き換えると、$C_nH_{2n+1}COOH$で、
これがC=Cをもたない脂肪酸（飽和脂肪酸）だよ。

アルカン

$$C_nH_{2n+2} \xrightarrow{\text{−Hを−COOHに}} C_nH_{2n+1}COOH$$

C=C なし

飽和脂肪酸

C=C なし

炭素数18なら、不飽和脂肪酸に相当するステアリン酸は
$C_{17}H_{35}COOH$。あとはC=C数×2だけHを減らすんだ。例
えばリノール酸はC=C×2だから、$C_{17}H_{35-2\times2}COOH$ ⇒
$C_{17}H_{31}COOH$だね。

名前とC=C数を覚えておけば大丈夫ね。

僕は『バス降りれん！ 00123!!』って覚えてるよ。

$$C=C \text{ 数}$$

	C=C 数
パルミチン酸	0
ステアリン酸	0
オレイン酸	1
リノール酸	2
リノレン酸	3

油脂の計算で役立つことがもう1つあります。

それは、飽和脂肪酸である「ステアリン酸$C_{17}H_{35}COOH$」と「ステアリン酸のみからなる油脂$C_3H_5(OCOC_{17}H_{35})_3$」の分子量を暗記しておくことです。

ステアリン酸$C_{17}H_{35}COOH$ ⇒ **分子量**284

ステアリン酸のみからなる油脂$C_3H_5(OCOC_{17}H_{35})_3$ ⇒ **分子量**890

僕は284と890を『にわし！ やくお!!』って覚えてるよ。

どういう意味？

勢いだけで意味はないって薫さん言ってた……。

(4) 油脂の計算

油脂の構造を決定する過程で必要になるのが、2つの計算です。

けん化の計算 **油脂の分子量を求める**

油脂は3価のエステル

⇒ けん化に必要な水酸化ナトリウム$NaOH$や水酸化カリウムKOHは油脂の物質量の3倍

$$油脂 mol：NaOH\ mol = 1：3$$
$$油脂 mol：KOH\ mol = 1：3$$

この計算により、油脂の分子量が判明します。

手を動かして練習してみよう!!

ある油脂1.0gをけん化するために必要な水酸化カリウム（式量56）が192.6mg必要でした。

この油脂の分子量はいくら？

解：

$$1油脂 \xrightarrow{けん化} 3KOH$$

1油脂		3KOH
分子量M		式量56
1.0g		192.6mg

油脂の分子量をMとすると、けん化に必要なKOHは油脂の3倍の物質量であるため、

$$\frac{1.0}{M} \times 3 = \frac{192.6 \times 10^{-3}}{56}$$

$$M = 872.2 \quad \underline{872}$$

この問題のように「油脂1gをけん化するために必要な**KOHのミリグラム数**」を**けん化価**といいます。

けん化価が大きい油脂ほど分子量が小さいということがわかります。

どうしてけん化価が大きいほど分子量が小さいの？

けん化の計算式を作ってごらん。

$$\frac{1}{\boxed{M}} \times 3 = \frac{\boxed{けん化価}\times 10^{-3}}{56}$$

大

小

けん化価が大きいほど、分子量は小さくなるはずだね。

付加の計算 油脂がもつC=C数を求める

油脂がもつC=Cをx個とすると、

⇒ 付加する水素H_2やヨウ素I_2は油脂の物質量のx倍

$$油脂\,mol：H_2\,mol = 1：x$$
$$油脂\,mol：I_2\,mol = 1：x$$

この計算により、油脂がもつC=C数が判明します。

手を動かして練習してみよう!!

分子量872の油脂100gにヨウ素（分子量254）262.1gが付加した。
この油脂1分子中に含まれる炭素間二重結合はいくつ？

解：

1油脂	付加	xI_2
分子量872		分子量254
C=C×x個		
100g		262.1g

油脂1分子中に含まれるC=Cをx個とすると、付加するI_2は油脂の物質量のx倍であるため、

$$\frac{100}{872}\times x = \frac{262.1}{254} \qquad x = 9 \qquad \underline{9}$$

この問題のように「油脂100gに付加するI_2のグラム数」をヨウ素価といいます。

ヨウ素価が大きい油脂ほどC=Cが多いということがわかります。

別解：計算がラクになる解法

（3）でステアリン酸のみからなる油脂、すなわちC=Cをもたない油脂の分子量890を覚えましたね。

それを使うと、もっと簡単に答えが出ます。

$$(890-872)\times\frac{1}{2}=\underline{9}$$

暗算でいけますよね。

考え方は不飽和度Duと同じです。

> C=C×0のときから減少したH原子の数 $\times\dfrac{1}{2}$

今回は分子量が$890-872=18$減少しているので、H原子が18個減少しています。その$\frac{1}{2}$倍がC=C数です。

> この方法使うと、ほんと計算がラクになるよ。
> 多くの問題で使えるよ。
> ただ、リノレン酸（C=C×3）のみからなる油脂（C=C×9）の分子量が
> 　$890-2\times9=872$
> だから、これより分子量の小さい油脂のときには使えないんだ。
> こんなときはC数が18じゃない高級脂肪酸から構成されている可能性が高いよ。
> C数16のパルミチン酸なんかだね。

(5) 油脂の分類

油脂は2つに大別できます。

常温で固体の油脂を**脂肪**、液体の油脂を**脂肪油**といいます。

通常、脂肪は動物性、脂肪油は植物性です。

日常生活だと、液体のものは『油』って言ってるわね。
なたね油とか、ごま油とか、確かに植物性だわ。

主に、脂肪の構成脂肪酸は飽和脂肪酸、脂肪油の構成脂肪酸は不飽和脂肪酸
です。

どうして飽和脂肪酸から構成されると固体で、
不飽和脂肪酸から構成されると液体なの？

形が大きく影響してるんだよ。
飽和脂肪酸は形が綺麗だから分子同士が接近できるんだ。
だから分子間の引力が働きやすく、融点が高い。すなわち、常温で固体。

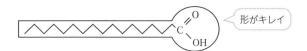

形がキレイ

油脂を構成している不飽和脂肪酸は基本的にシス型。
脂肪酸によってC=Cの場所や数が違うんだよ。形が汚いよね。
だから分子同士が接近しにくく、分子間引力が働きにくいんだ。
だから融点が低く、常温で液体。

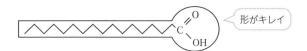

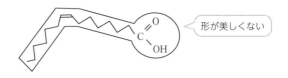

形が美しくない

では、液体の油脂を固体に変えるにはどうしたらいいか考えてみましょう。

すでに、不飽和を飽和にする術を、みなさんは学んでいます。

アルケン（不飽和）をアルカン（飽和）にする方法、すなわち水素H_2付加です（➡第4章§1③(2)、p.73）。

$$\diagup C = C \diagdown \quad \xrightarrow[\text{付加}]{H_2} \quad -\overset{|}{\underset{H}{C}} - \overset{|}{\underset{H}{C}} -$$

これを利用し、液体の油脂にH_2付加をおこなうと、固体に変えることができます。このようにして作られる固体の油脂を**硬化油**といいます。

身近なものだと、マーガリンがそれに相当するよ。

マーガリン！ 植物性なのに、固体!!

また、液体の油脂で$C=C$を多くもつものは空気中に放置すると固化します。このような油脂を**乾性油**といいます。

その逆が**不乾性油**、中間のものを**半乾性油**といいます。

身近なものだと、乾性油はペンキがそうだよ。壁に塗って放置すると、いつの間にか固まってるよね。
その逆は、ゆうこちゃんが髪の毛につけてる椿油（つばき）のように、化粧品に使われているようなものだね。

どうしてC=Cが多いと固化するの？

C=Cが2つ以上ある高級脂肪酸が酸化されやすいことが原因なんだ。
空気中で酸化されて、架橋構造を作って固まっちゃうんだよ。

ポイント

油脂 ⇒ グリセリンと高級脂肪酸からなる3価のエステル

油脂の計算 ⇒ けん化 油脂：NaOH＝1：3

油脂：KOH＝1：3

付加 油脂（C=C×x個）：H_2＝1：x

油脂（C=C×x個）：I_2＝1：x

代表的な高級脂肪酸の名前とC=C数を暗記

油脂の分類 ⇒ 常温で固体の脂肪、液体の脂肪油

液体の油脂に水素付加したものを硬化油

C=Cが多く空気中で固化するものを乾性油

②セッケン

油脂をけん化して得られる、高級脂肪酸のナトリウム塩やカリウム塩が**セッケン**です。

(1) セッケンの洗浄作用

セッケンは「疎水性のアルキル基」と「親水性のカルボキシ基のイオン」からできています。

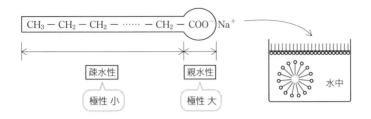

セッケンを水に入れると、液面では疎水基を空気中に、親水基を水中に向けて並びます。これにより、水の表面張力が低下し、繊維の隙間にしみ込みやすくなります。

このように、水の表面張力を小さくする物質を**界面活性剤**といいます。

表面張力ってなあに？

他の物質との境目（界面）の面積を最小にしようとする力だよ。

そして水中では、疎水基を内側に、親水基を外側に向けて多数集まり、コロイド粒子を作ります。

これを**ミセル**といいます。

これにより、セッケン水中では油分が分散できるのです。

これをセッケンの**乳化作用**といい、得られる溶液を**乳濁液**といいます。

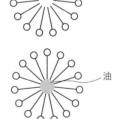

以上より、油汚れのついた繊維をセッケン水に浸し、機械的な力を加えると、油汚れがミセルとなって繊維から脱離していきます。

これがセッケンの洗浄作用です。

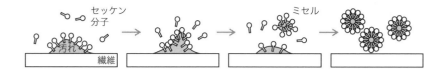

セッケン分子 ミセル 汚れ 繊維

(2) セッケンの性質

水溶液は塩基性

　セッケンは高級脂肪酸（弱酸）とNaOHやKOH（強塩基）からなる塩であるため、水中で加水分解により塩基性を示します。（➡理論化学編p.150）

　よって、動物性繊維の絹や羊毛に使用することができません。タンパク質の変性（➡第6章§3③(5)、p.267）が起こるためです。

硬水中で沈殿を作る

　Ca^{2+}やMg^{2+}を多く含む水を**硬水**といいます。

　セッケンは硬水中で$(R-COO)_2Ca$や$(R-COO)_2Mg$となり沈殿するため、洗浄力が低下します。

生分解されやすい

　自然界の微生物によって生分解されやすいため、地球に優しい洗剤です。

🖅 ポイント

　セッケン　⇒　油脂をけん化して得られる高級脂肪酸の塩

　ミセル　⇒　多数のセッケン分子が、油分を取り囲んでできる
　　　　　　　コロイド粒子

　乳化作用　⇒　油分を取り込んでミセルを作り、油分を分散させる作用

　セッケンの性質　⇒　水溶液は塩基性、硬水中で沈殿、地球に優しい

③合成洗剤

化学合成された洗剤が**合成洗剤**です。

「塩基性であるため、動物性繊維に使用することができない」「沈殿を作るため、硬水中で洗浄力が低下する」といったセッケンの欠点を克服するため、合成洗剤は**強酸と強塩基からなる塩**になっています。

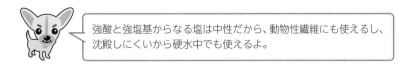

強酸と強塩基からなる塩は中性だから、動物性繊維にも使えるし、沈殿しにくいから硬水中でも使えるよ。

では、代表的な合成洗剤を確認しましょう。

高級アルコール系

$$R-OH \xrightarrow[\text{エステル化}]{H_2SO_4} R-O-SO_3H \xrightarrow[\text{中和}]{NaOH} R-O-SO_3Na$$

セッケンに似てる

高級アルコールを硫酸エステル化（➡第4章§4①(2)③応用、p.114）し、水酸化ナトリウム水溶液で中和します。

「長い疎水基＋親水基」でセッケンに似ていますね。

ABS（アルキルベンゼンスルホン酸）系

$$R-\langle\bigcirc\rangle \xrightarrow[\text{スルホン化}]{H_2SO_4} R-\langle\bigcirc\rangle-SO_3H \xrightarrow[\text{中和}]{NaOH} R-\langle\bigcirc\rangle-SO_3Na$$

アルキルベンゼンを濃硫酸でスルホン化（➡第5章§1(2)①、p.124）し、水酸化ナトリウム水溶液を加えて中和します。

界面活性剤

　セッケンや合成洗剤のように、疎水基と親水基を適切なバランスでもち合わせた物質は、水の表面張力を低下させ、界面活性剤といわれます。

　・陰イオン界面活性剤　⇒　親水基が陰イオン

　　　　　　　　　例 セッケン

$$CH_3 - CH_2 - \cdots\cdots - CH_2 - OSO_3^- Na^+$$

　・陽イオン界面活性剤　⇒　親水基が陽イオン

　　　　　　　　　例 アルキルトリメチルアンモニウム塩化物

$$CH_3 - CH_2 - \cdots\cdots - CH_2 - N^+(CH_3)_3 Cl^-$$

　・両性界面活性剤　⇒　陽イオン部と陰イオン部の両方をもち合わせる

　　　　　　　　　例 N-アルキルベタイン

$$CH_3 - CH_2 - \cdots\cdots - CH_2 - N^+(CH_3)_2 CH_2 COO^-$$

　・非イオン性界面活性剤　⇒　親水基が水中で電離しない

　　　　　　　　　例 ポリオキシエチレンアルキルエーテル

$$CH_3 - CH_2 - \cdots\cdots - CH_2 - O(CH_2 CH_2 O)_n H$$

ポイント

合成洗剤（合成された洗剤で、強酸と強塩基からなる塩。セッケンの欠点を克服している）

　・高級アルコール系

　・ABS系

§3 アミノ酸とタンパク質

　タンパク質は動物体の主要成分である生体高分子化合物です。

　まずは、タンパク質を構成している小さな分子であるアミノ酸から、しっかり確認していきましょう。

① α−アミノ酸

　1つの分子中に、アミノ基（$-NH_2$）とカルボキシ基（$-COOH$）の両方をもつ化合物を**アミノ酸**といいます。

　この2つの官能基が、同じ炭素原子に結合しているアミノ酸を**α−アミノ酸**といいます。

　（以後、α−アミノ酸はアミノ酸と表記していきます）

　よって、アミノ酸は次のような構造式で表すことができ、Rをアミノ酸の**側鎖**といいます。
側鎖がH原子のアミノ酸（グリシン）以外、α位のC原子は不斉炭素原子です。

$$
R - \overset{\displaystyle H}{\underset{\displaystyle NH_2}{\overset{|}{\underset{|}{C^*}}}} - COOH
$$

正確には、$-COOH$が結合しているC原子をα位というんだよ。その隣がβ位、γ位……と表していくんだ。

$$
\cdots\cdots - \overset{\gamma}{C} - \overset{\beta}{C} - \overset{\alpha}{C} - COOH
$$

アミノ酸の前についてる『α』は$-NH_2$の位置を与えてくれているんだよ。

$$
\cdots\cdots - \overset{\displaystyle \alpha}{\underset{\displaystyle NH_2}{\overset{}{\underset{|}{C}}}} - COOH
$$

αにいます!!

他にも同じような表記をしているものある？

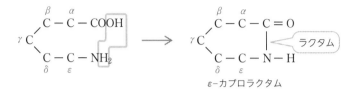

第7章で『ε–カプロラクタム』ってでてくるんだけど、この『ε』がそうだね。
『ラクタム』は環状アミドって意味。これだけでも書けそうじゃない？

ε–カプロラクタム

(1) アミノ酸の分類

タンパク質を構成しているアミノ酸は約20種類あり、側鎖の特徴で3つに大別されます。

　　側鎖に−COOHあり　⇒　**酸性アミノ酸**

　　側鎖に−NH_2あり　⇒　**塩基性アミノ酸**

　　側鎖に−COOHも−NH_2もなし　⇒　**中性アミノ酸**

このように大別するのは、この3種で等電点（➡ (4)、p.250）とよばれるpHが異なるためです。

代表的なアミノ酸

・酸性アミノ酸

$$CH_2 - COOH$$
$$H - \overset{*}{C} - COOH$$
$$NH_2$$

アスパラギン酸（Asp）

$$CH_2 - CH_2 - COOH$$
$$H - \overset{*}{C} - COOH$$
$$NH_2$$

グルタミン酸（Glu）

・塩基性アミノ酸

$$CH_2 - CH_2 - CH_2 - CH_2 - NH_2$$
$$H - \overset{*}{C} - COOH$$
$$NH_2$$

リシン（Lys）

・中性アミノ酸

$$\begin{array}{c} \text{H} \\ | \\ \text{H} - \text{C} - \text{COOH} \\ | \\ \text{NH}_2 \end{array}$$
グリシン（Gly）

$$\begin{array}{c} \text{CH}_3 \\ | \\ \text{H} - \overset{*}{\text{C}} - \text{COOH} \\ | \\ \text{NH}_2 \end{array}$$
アラニン（Ala）

$$\begin{array}{c} \text{CH}_2 - \bigcirc \\ | \\ \text{H} - \overset{*}{\text{C}} - \text{COOH} \\ | \\ \text{NH}_2 \end{array}$$
フェニルアラニン（Phe）

$$\begin{array}{c} \text{CH}_2 - \bigcirc - \text{OH} \\ | \\ \text{H} - \overset{*}{\text{C}} - \text{COOH} \\ | \\ \text{NH}_2 \end{array}$$
チロシン（Tyr）

$$\begin{array}{c} \text{CH}_2 - \text{SH} \\ | \\ \text{H} - \overset{*}{\text{C}} - \text{COOH} \\ | \\ \text{NH}_2 \end{array}$$
システイン（Cys）

$$\begin{array}{c} \text{CH}_2 - \text{CH}_2 - \text{S} - \text{CH}_3 \\ | \\ \text{H} - \overset{*}{\text{C}} - \text{COOH} \\ | \\ \text{NH}_2 \end{array}$$
メチオニン（Met）

このアミノ酸、全部覚えるの？

アミノ酸の側鎖は、問題文中に与えられることがほとんどなんだ。
だから、暗記モノの中では優先順位がかなり低いね。
ただ、登場するアミノ酸は決まったメンバーだから、特徴は自然に言えるようになるよ。
『リシン』ときたら、正確な側鎖はかけなくても『塩基性アミノ酸!!』って言えるようにね。

(2) アミノ酸の結晶

アミノ酸分子には、酸性の$-$COOHと塩基性の$-$NH$_2$が共存しているため、分子内で反応し塩となっています。

$$\begin{array}{c} \text{R} \\ | \\ \text{H} - \overset{*}{\text{C}} - \text{COOH} \\ | \\ \text{NH}_2 \end{array} \quad \longrightarrow \quad \begin{array}{c} \text{R} \\ | \\ \text{H} - \text{C} - \text{COO}^- \\ | \\ \text{NH}_3{}^+ \end{array}$$

酸　　$\leftarrow$ H$^+$　塩基　双性イオン

このように同一分子内に正電荷と負電荷を併せもつイオンを**双性イオン**といいます。

アミノ酸の結晶は双性イオンからなる<u>イオン結晶</u>です。

よって、次のような性質をもちます。

・**水溶性**（水溶液については(3)で確認します）

・**一般的な有機化合物に比べ融点が高い**

（一般的な有機化合物は非金属元素のみからなる分子結晶です）

(3) 水中での平衡

弱酸・弱塩基は水中で電離平衡の状態になります。

（➡理論化学編 p.322）

アミノ酸分子中に存在する酸（−COOH）と塩基（−NH₂）はともに「$\overset{\bullet}{弱}\overset{\bullet}{酸}$」「$\overset{\bullet}{弱}\overset{\bullet}{塩基}$」であるため、水中で電離平衡が成立します。

アミノ酸の電離平衡を考えるときのポイントは「**双性イオンから左右に広げていく**」ことです。

では、手を動かして書いていきましょう。

中性アミノ酸（グリシン Gly ⇒ 側鎖 −H）

最初に、双性イオンを書きましょう。

α炭素の−COOHから−NH₂にH⁺を移動させると出来上がりです。

そして、双性イオンから左右に広げていきます。

$$
\begin{array}{c}
H \\
| \\
H - C - COOH \\
| \\
NH_2
\end{array}
$$
グリシン

何反応が起こる？

$$? \quad \overset{H^+}{\longleftarrow} \quad
\begin{array}{c}
H \\
| \\
H - C - COO^- \\
| \\
NH_3^+
\end{array}
\quad \overset{OH^-}{\longrightarrow} \quad ?$$

⟶ pH

① 酸を加えて pH を小さくすると、弱酸遊離反応によりカルボン酸が遊離

$$-COO^- + H^+ \longrightarrow -COOH$$

② 塩基を加えて pH を大きくすると、弱塩基遊離反応によりアミンが遊離

$$-NH_3^+ + OH^- \longrightarrow -NH_2 + H_2O$$

（➡理論化学編 p.153）

逆向きの反応はともに、中和です。

このように、中性アミノ酸は水中で、3つのイオンが電離平衡で共存しています。

酸性アミノ酸（アスパラギン酸 Asp ⇒ 側鎖 $-CH_2COOH$）

グリシン同様、最初に双性イオンを書いて、左右に広げていきましょう。

① 酸を加えて pH を小さくすると、弱酸遊離反応によりカルボン酸が遊離

$$-COO^- + H^+ \longrightarrow -COOH$$

塩基を加えたときに反応する官能基は2つあります。

② 塩基を加えて pH を大きくすると、側鎖の $-COOH$ が中和反応

$$-COOH + OH^- \longrightarrow -COO^- + H_2O$$

③ さらに塩基を加えてpHを大きくすると、弱塩基遊離反応によりアミンが遊離

$$-NH_3^+ + OH^- \longrightarrow -NH_2 + H_2O$$

$$
\begin{array}{cccc}
CH_2COOH & CH_2COOH & CH_2COO^- & CH_2COO^- \\
| & | & | & | \\
H-C-COOH & H-C-COO^- & H-C-COO^- & H-C-COO^- \\
| & | & | & | \\
NH_3^+ & NH_3^+ & NH_3^+ & NH_2 \\
\boxed{+1} & \boxed{\pm 0} & \boxed{-1} & \boxed{-2}
\end{array}
$$

①H⁺ ②OH⁻ ③OH⁻

pH →

どうして塩基を加えると、先に側鎖の−COOHが反応するの？

中和反応は、酸と塩基が出会うとどんなpHでも進行するよ。
でも、弱塩基遊離反応は遊離する塩基より強い塩基性じゃないと進行しないんだ。

$$NH_4^+ + OH^- \longrightarrow NH_3 + H_2O$$

NH₃より強い塩基

だから、中和反応が先なんだよ。

塩基性アミノ酸（リシンLys ⇒ 側鎖 −CH₂CH₂CH₂CH₂NH₂）

考え方は酸性アミノ酸と同じです。

ただし、リシンは双性イオンが特殊です。陽イオンになる−NH₂はα位ではなく、側鎖です。

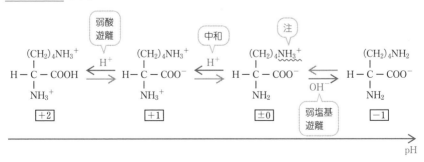

弱酸遊離   中和   注

$$
\begin{array}{cccc}
(CH_2)_4NH_3^+ & (CH_2)_4NH_3^+ & (CH_2)_4NH_3^+ & (CH_2)_4NH_2 \\
| & | & | & | \\
H-C-COOH & H-C-COO^- & H-C-COO^- & H-C-COO^- \\
| & | & | & | \\
NH_3^+ & NH_3^+ & NH_2 & NH_2 \\
\boxed{+2} & \boxed{+1} & \boxed{\pm 0} & \boxed{-1}
\end{array}
$$

H⁺   H⁺   OH⁻

弱塩基遊離

pH →

以上より、アミノ酸は水中で電離平衡の状態になっており、**pHを小さくするとプラスに帯電、pHを大きくするとマイナスに帯電**することがわかります。

(4) 等電点

　「アミノ酸の電荷はpHで変化する」ことが電離平衡から確認できました。

　pHが小さいとプラス、大きいとマイナスですね。

　その中で、アミノ酸の電荷が0になるpHがあります。それが**等電点**です。

　では、等電点の特徴を確認していきます。

・**等電点では、アミノ酸のほとんどが双性イオンで存在しています。**

|中性アミノ酸| グリシン (Gly)

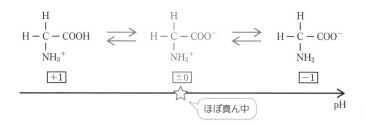

　双性イオンはpH直線のほぼ真ん中にありますね。

　よって、**等電点は中性域 (pH≒7)** です。

|酸性アミノ酸| アスパラギン酸 (Asp)

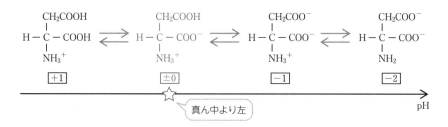

双性イオンはpH直線の真ん中より左ですね。

よって、**等電点は酸性域 (pH≪7)** です。

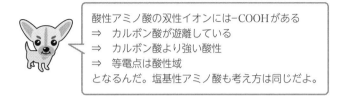

酸性アミノ酸の双性イオンには-COOHがある
⇒　カルボン酸が遊離している
⇒　カルボン酸より強い酸性
⇒　等電点は酸性域
となるんだ。塩基性アミノ酸も考え方は同じだよ。

塩基性アミノ酸 リシン (Lys)

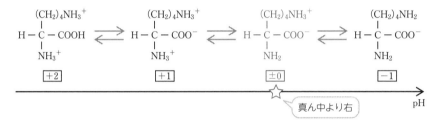

双性イオンはpH直線の真ん中より右ですね。

よって、**等電点は塩基性域 (pH≫7)** です。

・**等電点では、[陽イオンの正電荷]＝[陰イオンの負電荷]** が成立しています。

　等電点では、アミノ酸のほとんどが双性イオンですが、電離平衡なので、陽イオンや陰イオンも共存しています。

　アミノ酸全体で電荷が0であるため、陽イオンがもつ正電荷と陰イオンがもつ負電荷が一致しています。

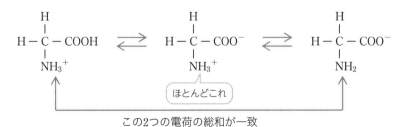

この2つの電荷の総和が一致

・等電点のpHを求める公式は$[H^+]=\sqrt{K_1 \cdot K_2}$です。

グリシン(Gly)の平衡から、公式を導いてみましょう。

$$
\begin{array}{ccc}
\begin{array}{c}
H \\
| \\
H-C-COOH \\
| \\
NH_3^+ \\
\oplus
\end{array}
&
\underset{\xrightarrow{\hspace{1cm}}}{\overset{K_1}{\rightleftharpoons}}
&
\begin{array}{c}
H \\
| \\
H-C-COO^- \\
| \\
NH_3^+ \\
\underline{\pm 0}
\end{array}
\end{array}
\quad
\underset{\xrightarrow{\hspace{1cm}}}{\overset{K_2}{\rightleftharpoons}}
\quad
\begin{array}{c}
H \\
| \\
H-C-COO^- \\
| \\
NH_2 \\
\ominus
\end{array}
$$

陽イオンを$\oplus$、双性イオンを$\underline{\pm 0}$、陰イオン$\ominus$をとします。

$$\oplus \quad \overset{K_1}{\rightleftharpoons} \quad \underline{\pm 0} \quad + \quad H^+ \qquad K_1 = \frac{[\underline{\pm 0}][H^+]}{[\oplus]}$$

$$\underline{\pm 0} \quad \overset{K_2}{\rightleftharpoons} \quad \ominus \quad + \quad H^+ \qquad K_2 = \frac{[\ominus][H^+]}{[\underline{\pm 0}]}$$

等電点では$[\oplus]=[\ominus]$より

$$K_1 \cdot K_2 = \frac{[\cancel{\underline{\pm 0}}][H^+]}{[\oplus]} \cdot \frac{[\cancel{\ominus}][H^+]}{[\cancel{\underline{\pm 0}}]} = [H^+]^2$$

$$\boxed{[H^+] = \sqrt{K_1 \cdot K_2}}$$

手を動かして練習してみよう!!

グリシンの第1電離定数$K_1 = 4.0 \times 10^{-3}$(mol/L)、

第2電離定数$K_2 = 2.5 \times 10^{-10}$(mol/L)のとき、グリシンの等電点のpHは?

解：第1電離：$CH_2(NH_3^+)COOH \rightleftharpoons CH_2(NH_3^+)COO^- + H^+$

第2電離：$CH_2(NH_3^+)COO^- \rightleftharpoons CH_2(NH_2)COO^- + H^+$

$[H^+] = \sqrt{K_1 \cdot K_2}$より、

$[H^+] = \sqrt{4.0 \times 10^{-3} \cdot 2.5 \times 10^{-10}} = \sqrt{1.0 \times 10^{-12}} = \underline{1.0 \times 10^{-6}}$ (mol/L)

よって、pH$= -\log(1.0 \times 10^{-6}) = \underline{6.0}$

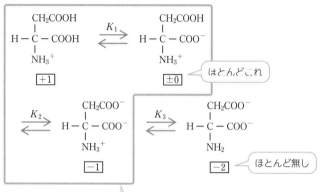

公式は中性アミノ酸のグリシンで導いたけど、酸性アミノ酸や塩基性アミノ酸の等電点のpHはどうやって求めるの?

酸性アミノ酸のアスパラギン酸で考えてみようね。

$$\begin{matrix} CH_2COOH \\ | \\ H-C-COOH \\ | \\ NH_3^+ \end{matrix} \quad \overset{K_1}{\rightleftarrows} \quad \begin{matrix} CH_2COOH \\ | \\ H-C-COO^- \\ | \\ NH_3^+ \end{matrix}$$

+1　　　　　±0　　はとんどこれ

$$\overset{K_2}{\rightleftarrows} \quad \begin{matrix} CH_2COO^- \\ | \\ H-C-COO^- \\ | \\ NH_3^+ \end{matrix} \quad \overset{K_3}{\rightleftarrows} \quad \begin{matrix} CH_2COO^- \\ | \\ H-C-COO^- \\ | \\ NH_2 \end{matrix}$$

−1　　　　　−2　　ほとんど無し

ここだけ考える

等電点では、アミノ酸のほとんどが双性イオンで存在しているんだったね。
その双性イオンから2段階も離れている−2の陰イオンは無視できるくらい少ないんだ。
だから結局「+1の陽イオン」「双性イオン」「−1の陰イオン」のみを考えればいいから、グリシンとおなじだよ。
電離定数K_3は与えられても無視していいよ。

そっか。この1つの公式で対応できるのね。塩基性アミノ酸のリシンなら$[H^+]=\sqrt{K_2 \cdot K_3}$でいいの?

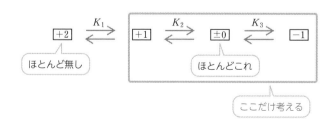

+2　$\overset{K_1}{\rightleftarrows}$　+1　$\overset{K_2}{\rightleftarrows}$　±0　$\overset{K_3}{\rightleftarrows}$　−1

ほとんど無し　　　　　ほとんどこれ

ここだけ考える

その通り！

・**アミノ酸は、等電点より小さいpHではプラス、大きいpHではマイナスに帯電します。**

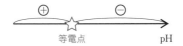

等電点　　　　　　　pH

　アミノ酸を分離するときに利用するので、押さえておきましょう。

(5) アミノ酸の検出 (ニンヒドリン反応)

　アミノ酸にニンヒドリン水溶液を加えて温めると、赤〜青紫に呈色します。これを**ニンヒドリン反応**といいます。

　呈色の原因はアミノ酸のアミノ基−NH_2です。ペプチドやタンパク質 (➡②・③、p.257・p.259) のアミノ基−NH_2も検出できます。

赤〜青紫って、はっきり決まった色はないの？

アミノ酸の濃度で変わるんだよ。問題の選択肢に「赤紫」と「青紫」の両方が設けられることはないよ。

どうして呈色するの？

ニンヒドリンっていう物質が酸化剤として働いて、形を変えて呈色するっていうイメージだね。

$$
\begin{array}{c}
O \\
\parallel \\
C \\
\end{array}
$$

ニンヒドリン

(6) アミノ酸の分離

アミノ酸を分離する方法に、等電点を利用するものがあります。

電気泳動

グルタミン酸（等電点pH＝3.2）、リシン（等電点pH＝9.7）、グリシン（等電点pH＝6.0）の混合水溶液で考えていきましょう。

この混合水溶液を、pH6.0の緩衝液で湿らせたろ紙の中央にたらし、電極を配置して電圧をかけます。

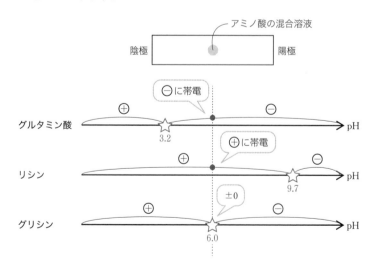

§3 アミノ酸とタンパク質　255

pH＝6.0の条件では、各アミノ酸は次のようになります。

　　グルタミン酸　⇒　負に帯電　⇒　陽極側へ移動

　　リシン　⇒　正に帯電　⇒　陰極側へ移動

　　グリシン　⇒　帯電していない　⇒　移動しない

これにより、3つのアミノ酸を分離できます。

　電気泳動後、ろ紙にニンヒドリン溶液を噴霧すると、アミノ酸が存在する場所が紫に呈色するため検出できます。

陽イオン交換樹脂

　グルタミン酸（等電点pH＝3.2）、リシン（等電点pH＝9.7）、グリシン（等電点pH＝6.0）の混合水溶液で考えていきましょう。

　この混合水溶液をpH＝2.0の酸性水溶液にし、陽イオン交換樹脂＊に通じます。

　次に緩衝液を流し、pHを徐々に大きくしていくと、

　　グルタミン酸　⇒　グリシン　⇒　リシン

の順に流出してくるため、分離できます。

＊陽イオンのみが吸着される樹脂（➡第7章§5(1)、p.316)

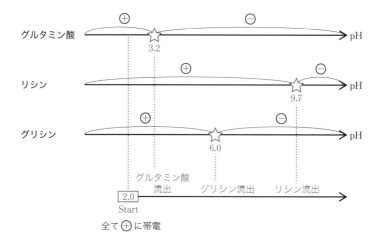

///////////////////////

ポイント

α-アミノ酸（約20種・グリシン以外鏡像異性体が存在）

・側鎖で3種に分類

　　−COOHあり　⇒　酸性アミノ酸（等電点 pH≪7）

　　−NH$_2$あり　⇒　塩基性アミノ酸（等電点 pH≫7）

　　どちらもなし　⇒　中性アミノ酸（等電点 pH≒7）

・固体は双性イオンからなるイオン結晶

・等電点のpHを求める公式 $[H^+] = \sqrt{K_1 \cdot K_2}$

・アミノ酸の分離　➡　電気泳動、陽イオン交換樹脂

②**ペプチド**

　アミノ酸が2つ以上脱水縮合したものを総称して**ペプチド**といい、このとき生じる−CONH−結合を**ペプチド結合**といいます。

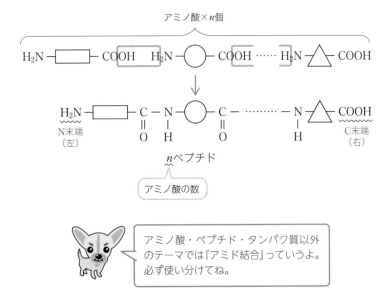

アミノ酸×n個

アミノ酸の数

nペプチド

アミド結合アミノ酸・ペプチド・タンパク質以外のテーマでは『アミド結合』っていうよ。必ず使い分けてね。

ペプチドの表記

ペプチドのアミノ基$-NH_2$側の末端を「N末端」、カルボキシ基$-COOH$側の末端を「C末端」とよび、通常、N末端は左、C末端は右に表記します。

ペプチドの名称

n個のアミノ酸が縮合しているとき『nペプチド』といいます。

数詞の『n』はペプチド結合の数ではなく、アミノ酸の数であることに注意しましょう。

例 トリペプチド

$$H_2N-\boxed{}-\underset{O}{\overset{}{C}}-\underset{H}{\overset{}{N}}-\bigcirc-\underset{O}{\overset{}{C}}-\underset{H}{\overset{}{N}}-\triangle-COOH$$

アミノ酸が3つ。ペプチド結合が3つじゃないよ

通常、アミノ酸の数が10以上で「ポリペプチド」といいます。

手を動かして練習してみよう!!

　グリシン (Gly)、アラニン (Ala)、フェニルアラニン (Phe) からなるトリペプチドについて

　(1) 構造異性体は何種類?

　(2) 立体異性体を含めると何種類?

解：(1) Gly、Ala、Phe の 3 つのアミノ酸を N 末端から順番に並べていく。

$$3!=3×2×1=\underline{6種類}$$

$$3 × 2 × 1$$

　(2) Gly 以外のアミノ酸には不斉炭素原子があるため、鏡像異性体が存在する。

　　よって Ala と Phe の鏡像異性体を考慮する。

$$6×2^2=\underline{24種類}$$

不斉炭素原子の数だけ 2 をかけるよ。

//////////////////

☞ ポイント

ペプチド：アミノ酸が 2 つ以上脱水縮合したもの

　・通常 N 末端を左、C 末端を右に表記する

　・『nペプチド』の「n」はアミノ酸の数

③タンパク質

タンパク質は約 20 種類のアミノ酸が多数縮合したポリペプチドです。

(1) 構造

　タンパク質の構造は複雑です。よって、一次構造から四次構造にわけてとらえていきます。

イメージとしては、今、たくさんのアミノ酸があって、そこからタンパク質を作るのに4段階のステップが必要。それが一次〜四次構造って感じだよ。

アミノ酸たくさん　　　　　　　　　　　　　　たんぱく質

一次構造 **アミノ酸の配列順序**

　一次構造をつくっているのは**ペプチド結合**です。配列順序はDNA（➡§4②、p.281）の遺伝情報で決まっています。

$$N — Gly — Lys — Ala — \cdots\cdots — Phe — C$$

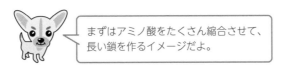

まずはアミノ酸をたくさん縮合させて、長い鎖を作るイメージだよ。

二次構造 **規則的な立体構造**

　二次構造をつくっているのはペプチド結合間にできる**水素結合**です。

・α–ヘリックス構造

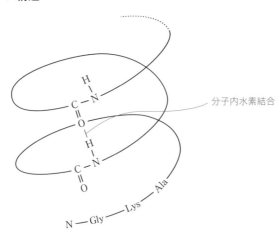

分子内水素結合

・β-シート構造

$$
\begin{array}{ccccccc}
& R & & H & O & R'' & \\
& | & & | & \parallel & | & \\
H_2N-C & - & N-C & - & C-N-C & - & \cdots \\
| & & | & | & | & | & \\
H & C & H & R' & H & C & \\
& \parallel & & & & \parallel & \\
& O & & & & O &
\end{array}
$$

分子間水素結合

$$
\begin{array}{ccccccc}
& R & & H & O & R'' & \\
& | & & | & \parallel & | & \\
H_2N-C & - & N-C & - & C-N-C & - & \cdots \\
| & & | & | & | & | & \\
H & C & H & R' & H & C & \\
& \parallel & & & & \parallel & \\
& O & & & & O &
\end{array}
$$

一次構造でできた長い鎖で、美しい立体構造を作ったイメージだね。規則的な立体構造を作るには、規則的に現れる結合が必要だよ。アミノ酸の鎖にはペプチド結合が規則的に現れるね。そのペプチド結合間にできる水素結合が二次構造を作り上げるんだ。

三次構造 不規則な立体構造

三次構造をつくっているのは**側鎖間にできるすべての結合**です。

例えば、酸性アミノ酸と塩基性アミノ酸の側鎖が近づくとイオン結合が形成されますね。

側鎖の $-COOH$　側鎖の H_2N-　$\longrightarrow$　$-COO^- \cdots\cdots H_3^+N-$

イオン結合

そして、システイン (Cys) の側鎖が近づくと**ジスルフィド結合**が形成されます。

$-CH_2-SH$　$HS-CH_2-$　$\longrightarrow$　$-CH_2-S-S-CH_2-$

システインの側鎖

ジスルフィド結合

その他、側鎖間にできる水素結合やファンデルワールス力など、不規則に現れるアミノ酸の側鎖間にできる結合すべてが三次構造を作り上げています。

システインは空気中でも酸化されてジスルフィド結合により二量体（システチン）をつくるんだよ。

$$CH_2-SH \quad HS-CH_2 \qquad\qquad CH_2-S-S-CH_2$$
$$H_2N-\overset{*}{C}-H \quad H-\overset{*}{C}-NH_2 \longrightarrow H_2N-\overset{*}{C}-H \quad H-\overset{*}{C}-NH_2$$
$$COOH \qquad\quad COOH \qquad\qquad COOH \qquad\qquad COOH$$

Cys　　　　　　Cys　　　　　　　二量体（シスチン）

じゃあ、少し難しいクイズだよ。シスチンの鏡像異性体は何種類？

不斉炭素原子が2つあるわね。$2^2＝4$つの鏡像異性体があるわ。

不斉炭素原子が2つ以上あるときは、対称面の有無を確認するんだったよ（➡第3章§2(2)、p.55）。

そっか。忘れてた。対称面があって、メソ体が生じるから、$2^2-1＝3$つね。

$$CH_2-S \mid S-CH_2$$
$$H_2N-C-H \mid H-C-COOH$$
$$COOH \qquad\quad NH_2$$

対称面

正解！

四次構造 三次構造の集まり

三次構造がいくつか集まってできる複雑な構造を四次構造といいます。複雑な働きをすることができます。

> これでやっと、タンパク質の複雑な構造が出来上がったね。
> 基本的に一次から三次構造までがよく問われるよ。

(2) 検出反応

タンパク質 (ペプチド) の検出反応には次のようなものがあります。

ビウレット反応

反応：水酸化ナトリウム水溶液と硫酸銅(Ⅱ)水溶液を加えると**赤紫**に呈色

原因：**ペプチド結合**

（ただしペプチド結合が2つ以上必要。すなわちトリペプチド以上が検出可能）

> 強塩基性にすると、ペプチド結合の $-\overset{|}{\underset{H}{N}}-$ が電離するよ。そして Cu^{2+} と安定な錯体を作るんだ。
> この錯体の色が赤紫。この錯体には2つの配位結合が必要なんだ。
> だから、ペプチド結合が2つ以上ないと検出できないよ。

$$\cdots-\overset{}{\underset{O}{\overset{\|}{C}}}-\overset{}{\underset{H}{\overset{|}{N}}}-\overset{R}{\underset{H}{\overset{|}{C}}}-\overset{}{\underset{O}{\overset{\|}{C}}}-\overset{}{\underset{H}{\overset{|}{N}}}-\overset{R'}{\underset{H}{\overset{|}{C}}}-\cdots \xrightarrow{\ OH^- \quad Cu^{2+}\ } \cdots-\overset{}{\underset{O}{\overset{\|}{C}}}-\overset{}{\underset{}{\overset{|}{N}}}-\overset{R}{\underset{H}{\overset{|}{C}}}-\overset{}{\underset{O}{\overset{\|}{C}}}-\overset{}{\underset{}{\overset{|}{N}}}-\overset{R'}{\underset{H}{\overset{|}{C}}}-\cdots$$

Cu^{2+}

キサントプロテイン反応

反応：濃硝酸を加えて加熱すると**黄色**、その後塩基性にすると**橙黄色**に変化

原因：**ベンゼン環のニトロ化**

（フェニルアラニンやチロシンのように側鎖にベンゼン環をもつアミノ酸からなるタンパク質が検出可能）

二段目の『塩基性にすると橙黄色』はとくにチロシンで見られる変化だよ。側鎖の-OHが電離するからなんだ。ただ、すべてまとめてキサントプロテイン反応っていうから、フェニルアラニンで出ても陽性で対応しようね。

チロシンの側鎖

$$-CH_2-\!\!\!\bigcirc\!\!\!-OH \xrightarrow{HNO_3} -CH_2-\!\!\!\bigcirc\!\!\!-OH \xrightarrow{OH^-} -CH_2-\!\!\!\bigcirc\!\!\!-O^-$$

黄   橙黄

（側鎖に NO_2 が付く）

硫黄原子を検出する反応　（以下、硫黄反応）

反応：水酸化ナトリウム水溶液を加えて加熱したあと、酢酸鉛(Ⅱ)水溶液を加えると**硫化鉛(Ⅱ)PbSの黒色沈殿が生成**

原因：**S原子がS^{2-}に変化しPb^{2+}と沈殿生成**

　　　（システインなどの側鎖にS原子をもつアミノ酸からなるタンパク質が検出可能）

次のように側鎖のS原子がPbSに変化していくよ。

システインの側鎖

$$-CH_2-SH \xrightarrow{OH^-} -CH_2-OH \ + \ HS^- \xrightarrow{OH^-} S^{2-} \xrightarrow{Pb^{2+}} PbS\downarrow$$

$\delta+$
↖ $-OH$

(3) 定量法（ケルダール法）

　食品などに含まれるタンパク質を定量するために利用されるのがケルダール法です。

　タンパク質に含まれる窒素N原子をアンモニアNH_3に変化させて取り出し、NH_3を逆滴定（➡理論化学編p.162）で定量します。

この方法が可能なのは、タンパク質のN含有率が<u>約16％</u>と決まっているためです。例えば

逆滴定よりNH_3が1mol　⇒　N原子も1mol（14g）

　　　　　　　⇒　タンパク質はその$\dfrac{100}{16}$倍で87.5g

と定量できるのです。

食品中のタンパク質　$\xrightarrow{H_2SO_4{}^*}$　$NH_4{}^+$　$\xrightarrow{OH^-}$　NH_3

$14 \times \dfrac{100}{16}$ g

$\uparrow \times \dfrac{100}{16}$

N原子

1mol（14g）

$\boxed{\text{1mol}}$

逆滴定で定量

$$\left[\begin{array}{c} {}^* \quad \overset{H^+ \curvearrowleft H_2SO_4}{} \\ \cdots -C \overset{}{\nmid} \overset{\bullet\bullet}{N} \overset{}{\nmid} C - \cdots \\ \underset{H}{|} \quad \underset{O}{\parallel} \end{array} \right. \longrightarrow \quad NH_4{}^+ \Bigg]$$

手を動かして練習してみよう!!

　ある食品1gに濃硫酸を加えて加熱し、すべての窒素を硫酸アンモニウムとした。これに水酸化ナトリウム水溶液を加え、発生したアンモニアを0.2mol/Lの硫酸20mLに吸収させた。この溶液に指示薬を加え0.1mol/Lの水酸化ナトリウム水溶液を滴下したところ、指示薬の色が変化するまでに30mLを要した。この食品に含まれているタンパク質の質量パーセントはいくら？

　ただし、タンパク質の窒素含有率は16％、原子量はH：1、N：14とする。

解：NH_3をx mmolとすると、逆滴定の結果より、

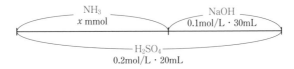

$$x \times 1 + 0.1 \times 30 \times 1 = 0.2 \times 20 \times 2 \qquad \underline{x = 5.0 \text{ mmol } (5.0 \times 10^{-3} \text{ mol})}$$

NH_3の物質量とN原子の物質量は等しいため、N原子も5.0×10^{-3} molとなり、

$5.0 \times 10^{-3} \times 14 = \underline{7.0 \times 10^{-2} \text{ g}}$

N含有率が16%であるため、タンパク質の質量は$7.0 \times 10^{-2} \times \dfrac{100}{16}$ gであるため、食品中のタンパク質の質量パーセントは、

$$\frac{7.0 \times 10^{-2} \times \dfrac{100}{16}}{1} \times 100 = \underline{43.75} \qquad \underline{44 \%}$$

(4) 分類

タンパク質は成分や形状で分類されます。

成分による分類

単純タンパク質 ⇒ アミノ酸のみからなるタンパク質

複合タンパク質 ⇒ アミノ酸以外の物質*も含むタンパク質
生体内で特殊な機能をつかさどっているものが多い

  ＊色素 ⇒ 色素タンパク質 例：ヘモグロビン
   糖 ⇒ 糖タンパク質   例：ムチン
   リン酸 ⇒ リンタンパク質 例：カゼイン   など

形状による分類

球状タンパク質 ⇒ ポリペプチド鎖が折りたたまれて球に近い形状になったタンパク質
水に溶けやすく生命活動の維持に関わる（機能タンパク質）

繊維状タンパク質 ⇒ ポリペプチド鎖が何本か束になって繊維状になったタンパク質
水に不溶で筋肉など構造の維持に関わる（構造タンパク質）

球状タンパク質　　　　　　　　　　繊維状タンパク質

(5)性質

タンパク質には次のような性質があります。

水溶液

　水溶性のタンパク質は**親水コロイド**であるため、多量の電解質を加えると沈殿します。これを**塩析**といいます。（➡理論化学編 p.370）

タンパク質の変性

　タンパク質は、**熱**、**酸・塩基**、**重金属イオン**、**アルコール**などにより、立体構造が変化し凝固します。これを**タンパク質の変性**といいます。

立体構造ってことは何次構造？

二次とか三次でしょ？

そう。一次構造は立体構造じゃないからね。一次構造が壊れることは『加水分解』っていうよ。
注意しようね。

加熱消毒とか、アルコール消毒ってこれと関係するの？

そう。加熱やアルコールで細菌のタンパク質を変性させてやっつけてるんだよ。

なんで立体構造がこわれるの？

加熱すると、ファンデルワールス力みたいな比較的弱い結合が切れちゃう。
アルコールを加えると水素結合が壊れて新しい水素結合が生まれたりするんだ。
酸を加えるとイオン結合が壊れちゃうね。

$$-COO^- - H_3N^+ - \quad \xrightarrow[\text{弱酸遊離}]{H^+} \quad -COOH \quad H_3N^+ -$$

側鎖間イオン結合   イオン結合がなくなる

ポイント

タンパク質（アミノ酸が多数縮合してできたポリペプチド）

　構造　⇒　一次構造：アミノ酸の配列順序（ペプチド結合）

　　　　　　二次構造：規則的立体構造（水素結合）

　　　　　　三次構造：不規則な立体構造（ジスルフィド結合などの側鎖間結合）

　検出反応　⇒　ビウレット反応（トリペプチド以上が検出可能）

　　　　　　　キサントプロテイン反応（ベンゼン環をもつタンパク質が検出可能）

　　　　　　　硫黄原子を検出する反応（硫黄原子をもつタンパク質が検出可能）

　定量法　⇒　ケルダール法（アンモニアの逆滴定を利用）

　分類　⇒　単純タンパク質・複合タンパク質、球状タンパク質・繊維状タンパク質

　性質　⇒　親水コロイド、タンパク質の変性

④酵素

生体内で触媒として作用するタンパク質を**酵素**といいます。

(1) 最適温度

酵素は体温付近（40℃前後）で最も活性になり、これを**最適温度**といいます。

通常の反応では温度が高いほど反応速度は大きくなりますが、酵素はタンパク質なので、温度が高すぎると変性により失活します。

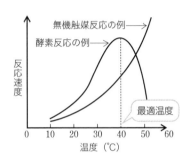

(2) 最適pH

酵素が作用する反応の速度が最大になるpHを**最適pH**といいます。

酵素はタンパク質であるため、酸や塩基を加えると変性により失活します。

最適pHは中性付近のものが多いですが、酵素によって異なります。

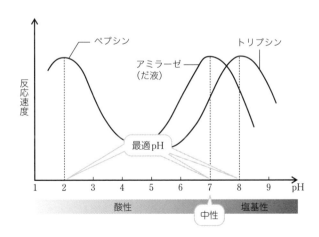

(3) 基質特異性

酵素には反応を起こす特定の構造があり、**活性部位**（または**活性中心**）といいます。

酵素は、活性部位に当てはまる構造をもつ特定の相手（**基質**）にしか作用しません。これを**基質特異性**といいます。

酵素は次のように触媒として作用していきます。

| 酵素 | 基質 | 酵素－基質複合体 | 酵素 | 生成物 |

反応前後で変わってないから触媒

酵素によっては、**補因子**とよばれる分子や金属イオンがないと活性部位が完成されないものがあります。補因子として働く分子を**補酵素**（**コエンザイム**）、金属イオンをミネラルといいます。

(4) 基質の濃度と反応速度の関係

酵素（E）と基質（S）の反応経路は次のようになります。

$$E + S \underset{}{\overset{v_1}{\rightleftharpoons}} ES \xrightarrow{v_2} E + P$$

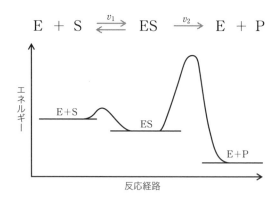

第一段階：酵素 (E) と基質 (S) から複合体 (ES) が生じる

⇒ 活性化エネルギーが小さく、反応速度が大きい。可逆反応。

$$v_1 = k_1 [E][S]$$

第二段階：複合体 (ES) から酵素 (E) と生成物 (P) が生じる

⇒ 活性化エネルギーが大きく、反応速度が小さい。不可逆反応。

（律速段階 ➡理論化学編 p.311）

$$v_2 = k_2 [ES]$$

　反応速度が小さい段階（律速段階）は第二段階なので、全体の反応速度は第二段階の反応速度で決まります。

　よって、反応速度式は

$$v \fallingdotseq v_2 = k_2 [ES] \quad \cdots ①$$

となります。

　また、第一段階の可逆反応について化学平衡（質量作用）の法則より、式②が成立します。

$$K = \frac{[ES]}{[E][S]} \quad \cdots ②$$

そして、酵素の初期濃度を $[E]_0$ とすると、③式が成立します。

$$[E]_0 = [E] + [ES] \quad \cdots ③$$

③式を $[E] = [E]_0 - [ES]$ とし、②式に代入、変形すると次のように表すことができます。

$$[ES] = \frac{[E]_0[S]}{\dfrac{1}{K} + [S]}$$

これを①式に代入すると基質の濃度と反応速度の関係式です。

$$v = k_2 \frac{[E]_0[S]}{\dfrac{1}{K} + [S]} \quad \cdots ④$$

・$\dfrac{1}{K} \gg [\mathrm{S}]$ のとき $\dfrac{1}{K} + [\mathrm{S}] \fallingdotseq \dfrac{1}{K}$ が成立するため、④式は次のように近似でき、v と $[\mathrm{S}]$ が比例関係になることがわかります。

$$v \fallingdotseq \underbrace{k_2 K\,[\mathrm{E}]_0}_{\text{定数}}[\mathrm{S}]$$

・$\dfrac{1}{K} \ll [\mathrm{S}]$ のとき $\dfrac{1}{K} + [\mathrm{S}] \fallingdotseq [\mathrm{S}]$ が成立するため、④式は次のように近似でき、一定値になることがわかります。これを $v_{\max}$ とおきます。

$$v_{\max} \fallingdotseq k_2\,[\mathrm{E}]_0 \quad (\text{定数})$$

以上より、基質の濃度と反応速度の関係は次のようになります。

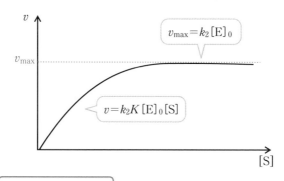

③式がわからないわ。

最初にあった酵素は、『酵素Eのまま残っているか』『複合体ES に変化しているか』のどちらかだね。
だから『酵素の初期濃度＝酵素Eの濃度＋複合体ESの濃度』が成立するんだ。

……わからないわ。

じゃあ、適当な数値で具体的に書いてみたらどうかな。

$$\begin{array}{ccccccccc} & E & + & S & \rightleftharpoons & ES & \longrightarrow & E & + & P \end{array}$$

	E	S	ES		E	P
前	$\boxed{10}$	5	0			
量	-3	-3	$+3$			
後 (前)	$\boxed{7}$	2	3			
(量)			-1		$+1$	$+1$
(後)			$\boxed{2}$		$\boxed{1}$	1

EとESは合計10

ほんとだ。成立するわね。

ピンとこないときは具体的に書くといいね。

//////////////////////

ポイント

酵素(生体内で触媒として作用するタンパク質)

特定の基質のみに作用する ⇒ 基質特異性

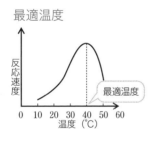

最適温度

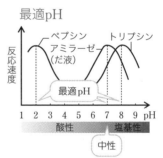

最適pH

基質の濃度と反応速度の関係

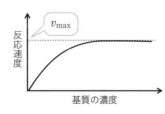

▶§4 核酸

　あらゆる生物の細胞の中にあり、生命活動に大きく関わっている高分子です。

　これまでの高分子と同じで、構成している低分子からしっかり確認していきましょう。

①構成成分

　核酸を加水分解すると、リン酸・五炭糖（ペントース）・有機塩基（以下、塩基）の3つが得られます。それらが核酸の構成成分です。

$$\text{核酸} \xrightarrow{\text{加水分解}} \text{リン酸} + \text{五炭糖（ペントース）} + \text{塩基}$$

(1) リン酸　H_3PO_4

　核酸の構成成分の1つは**リン酸**です。

　オキソ酸（酸素原子を含む酸）の1つです。

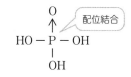

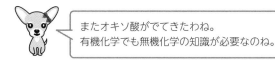
またオキソ酸がでてきたわね。
有機化学でも無機化学の知識が必要なのね。

そうだね。いろんなところでつながっていくよ。
オキソ酸の構造の作り方は無機化学で学ぶよ。

(2) 五炭糖（ペントース）

　核酸を構成している糖は炭素数が5の五炭糖で、ペントースとよばれます。

　リボースと**デオキシリボース**の2種類です。

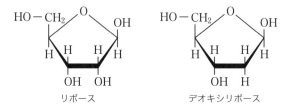
リボース　　　　デオキシリボース

構造を書けるようになっておきましょう。

α–グルコースやβ–フルクトピラノースを
覚えたようにこの2つを覚えるの?

そうだね。ただ、リボースだけでいいよ。『デオキシ』って
いうのは『脱酸素』っていう意味。
リボースの2位の酸素を外せば、デオキシリボースだよ。

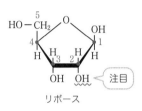

リボース　　　　　　　　　　　デオキシリボース

(3) 塩基

アデニン（A）　　グアニン（G）　　シトシン（C）　　チミン（T）　　ウラシル（U）

核酸を構成している5つの塩基は2種に大別できます。

いずれの塩基もイミノ基（ ）をもっており、ここで五炭糖と脱水縮合した構造になります。

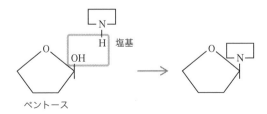

ペントース　　　　　　　　塩基

塩基の構造は一見複雑ですが、最低限のことを頭に入れればラクに作れます。ここでは、構造を作るためのポイントをしっかり確認していきます。

> 5つあるみたいだけど、全部書けるようにならなきゃいけないの？
> 全部、微妙に構造が違うからゾッとするわ。

> 構造を扱うのが化学だ。どんな出題にも対応できるようになるには、書けるようになることをお勧めするよ。意外にも、覚えることはわずかだよ。大丈夫。

プリン塩基

　プリン骨格をもつ塩基をプリン塩基といいます。

　手を動かして書いて、体で覚えるのはこの1つです！

ペントースと縮合するイミノ基

> このプリン骨格、次の順番で見ると、CとNが美しく繰り返されてるよ。

ここからスタート

> ほんとだ！　これなら自然に書けるようになりそう。

書き順は、ゆうこちゃんの好きにしていいんだよ。
僕は薫さんが書くのを見てたら、こうなったよ。

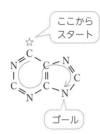

アデニン（A）

プリン骨格に$-NH_2$をつけます。

$-NH_2$の場所だけチェックしておきましょう。

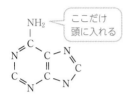

グアニン（G）

プリン骨格に$-OH$と$-NH_2$をつけます。つける場所だけチェックしておきましょう。

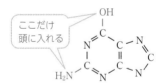

しかし、これは実際のグアニンではありません。

よく見ると、π結合に$-OH$が直結しているエノール（➡第4章§1④(2)①、p.82）があります。

エノールはケトに変わります。有機化学のときと同じようにその場で対応しましょう。

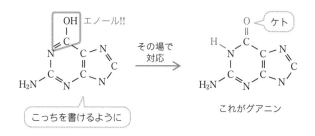

 違う骨格を暗記するのは大変だけど、プリン骨格につける官能基だけ暗記して、その場でケトに変えるとずいぶんラクな気がするわ。

 そうだよね。どっちにしても構造決定でエノールをケトに変えるのはマスターしなきゃいけないからね。

ピリミジン塩基

　ピリミジン骨格をもつ塩基をピリミジン塩基といいます。

　プリン骨格の右（五角形）を取るだけです！

　プリン骨格がかければ、ピリミジン骨格はその場で作れます。

　このピリミジン骨格、よく見ると、五炭糖と脱水縮合するためのイミノ基がありません。

　よって、イミノ基を作り出すため、すべて同じ場所がエノールになります。

　この-OHはベースの形として意識し、それ以外の官能基の場所を頭に入れていきましょう。

シトシン (C)

　ピリミジン骨格のベースに-NH_2をつけます。その後、エノールをケトに変えておきましょう。

チミン (T)

　ピリミジン骨格のベースに-OHと-CH_3をつけます。そしてエノールをケトに変えましょう。

ウラシル (U)

　ピリミジン骨格のベースに-OHをつけます。そしてケトに変えましょう。「チミンから-CH_3をとる」と頭に入れた方がラクかもしれませんね。

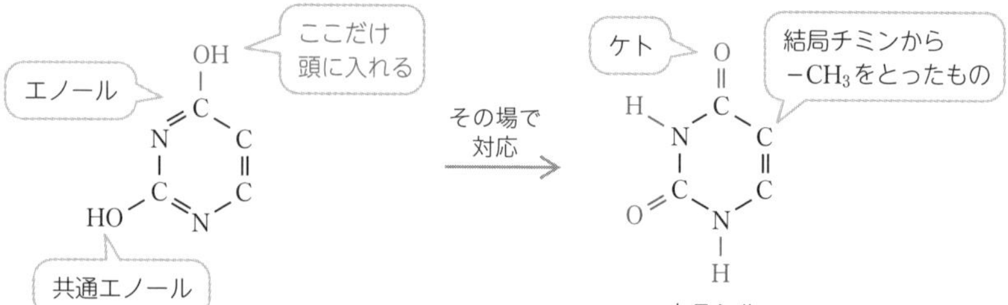

エノール／ここだけ頭に入れる／ケト／結局チミンから −CH₃をとったもの

共通エノール

その場で対応

ウラシル

(4) ヌクレオチド

　リン酸、五炭糖、塩基からなる、核酸の繰り返し単位を作っていきましょう（五炭糖はデオキシリボース、塩基はアデニンで確認していきます）。

　まず、五炭糖の1位の−OHと塩基のイミノ基を脱水縮合させます。この縮合体を**ヌクレオシド**といいます。

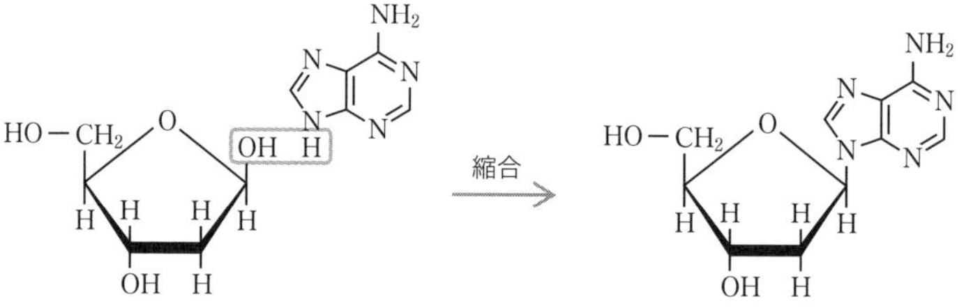

縮合

ヌクレオシド

　次に、ヌクレオシドの5位の−OHとリン酸を縮合させます。この縮合体を**ヌクレオチド**といいます。

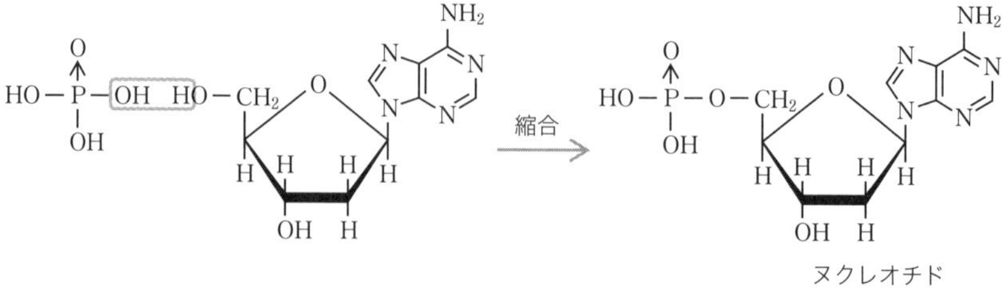

縮合

ヌクレオチド

このヌクレオチドが多数縮合したものが核酸です。よって核酸はポリヌクレオチドと表現することができます。

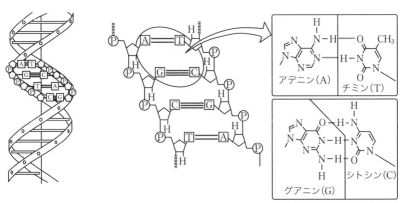

②デオキシリボ核酸 (DNA)

遺伝情報を担うのが**デオキシリボ核酸 (DNA)**です。

ヌクレオチドの構成物質は

リン酸 ＋ デオキシリボース ＋ A・G・C・T

（アデニン　グアニン　シトシン　チミン）

です。

DNAは通常、**二重らせん構造**になっています。

この二重らせん構造は塩基間にできる水素結合によって保持されています。

このとき、水素結合を形成する塩基の組み合わせは

「アデニン (A) とチミン (T)」「グアニン (G) とシトシン (C)」

と決まっています。このような関係を**相補的な関係**といいます。

水素結合はアデニン (A) とチミン (T) の間に2本、グアニン (G) とシトシン (C) の間に3本形成されます。

水素結合がどこにあるか、書けるようにきちんと確認しておきましょう。

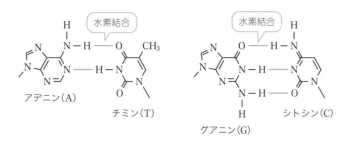

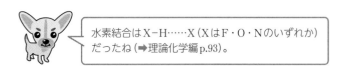

水素結合は X–H ……X (X は F・O・N のいずれか) だったね (➡理論化学編 p.93)。

二重らせん構造の DNA 中では、相補的な関係の塩基は必ず等モルずつ存在します。

手を動かして練習してみよう!!

ある生物の DNA の構成塩基を分析したところ、アデニンの物質量が塩基全体の20.5%を占めていた。この DNA のグアニンの物質量は塩基全体の何%?

解：アデニンとチミンは相補的な関係の塩基なので、物質量はともに20.5%を占める。

グアニンとシトシンも相補的な関係の塩基であるため、ともに x%とする

と次の式が成立する。

$$2(20.5+x) = 100 \qquad x = \underline{29.5\%}$$

複製

　細胞が増殖するとき、DNAの二重らせん構造がほどけて一本鎖になります。

　そして相補的な塩基をもつヌクレオチドが結合し、まったく同じ二重らせん構造のDNAが形成されます。これを、DNAの**複製**といいます。

```
      ⋮              ⋮         ⋮
    —A＝T—          —A＝T—    —A＝T—
    —G≡C—  ほどけて  —G≡C—    —G≡C—
    —C≡G— ───────▶ —C≡G—    —C≡G—
    —T＝A—   複製    —T＝A—    —T＝A—
      ⋮              ⋮         ⋮
     DNA
```

　このように、DNAは一本鎖で存在することができます。

　一本鎖を分析すると、相補的な塩基の物質量が等しくありません。

③リボ核酸(RNA)

　タンパク質の合成を担うのが**リボ核酸(RNA)**です。DNAと違い、一本鎖で存在しています。

　ヌクレオチドの構成物質は

リン酸 ＋ リボース ＋ A・G・C・U

です。

　タンパク質の合成には、約20種類のアミノ酸のデータを管理することが必要です。しかし、構成塩基は4種類(A・G・C・U)しかありません。

　そこで、3つの塩基の並びで1つのアミノ酸を表します。この3つの塩基配列を**コドン**といいます。

　　例 UUU ⇒ フェニルアラニン(Phe)

コドンは全部で4×4×4＝64種類できるから、約20種の
アミノ酸のデータを管理するには十分だね。
もし、塩基2つの並びだと4×4＝16種類だから、すべて
のアミノ酸のデータを管理できないんだ。

転写

　タンパク質が合成されるとき、DNAの二重らせん構造の一部がほどかれ、
相補的な関係にある塩基をもつRNAが合成されます。これを遺伝情報の**転写**
といい、合成されたRNAを**メッセンジャーRNA（m-RNA、伝令RNA）**とい
います。

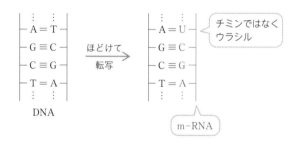

翻訳

　m-RNAはリボソームと結合します。

　リボソームはm-RNA上を移動し、m-RNAのコドンと相補的な関係にあ
るコドン（アンチコドン）をもつ小さなRNAを集めて並べます。この小さな
RNAを**トランスファーRNA（t-RNA、運搬RNA）**といいます。

　t-RNAは一端に-OH をもち、特定のアミノ酸の-COOHとエステル結合
を形成しています。

　そして、リボソームに含まれているリボソームRNA（r-RNA）がt-RNAに
結合しているアミノ酸を連結させてタンパク質を合成します。

　この過程を遺伝情報の翻訳といいます。

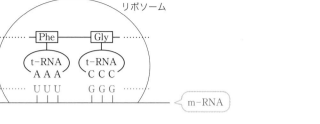

このようにして遺伝情報に基づいたタンパク質が合成されていくのです。

④参考：代謝とエネルギー

(1) 代謝

生体内の化学変化を総称して**代謝**といいます。代謝は次の2種に大別できます。

同化：複雑な物質を合成する吸熱反応

例 光合成

$$6CO_2 + 6H_2O \longrightarrow C_6H_{12}O_6 + 6O_2$$

異化：複雑な物質を分解する発熱反応

例 呼吸（有機物からエネルギーを取り出す）

好気呼吸：$C_6H_{12}O_6 + 6O_2 \longrightarrow 6CO_2 + 6H_2O$

嫌気呼吸：$C_6H_{12}O_6 \longrightarrow 2C_2H_5OH + 2CO_2$ （アルコール発酵）

$C_6H_{12}O_6 \longrightarrow 2CH_3CH(OH)COOH$ （乳酸発酵）

(2) エネルギーの保存と供給

異化による発熱を保存したり、同化へ供給していく役割を果たしているのが、アデノシン三リン酸（ATP）やアデノシン二リン酸（ADP）などです。

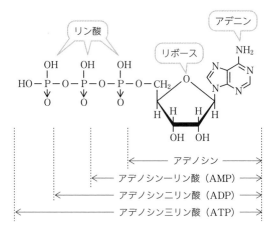

　異化による発熱は、ADPがATPになることで保存されます。

　そして、ATPがADPに変化するときに放出される熱が同化に供給されます。

このとき分解されるリン酸間の結合を高エネルギーリン酸結合といいます。

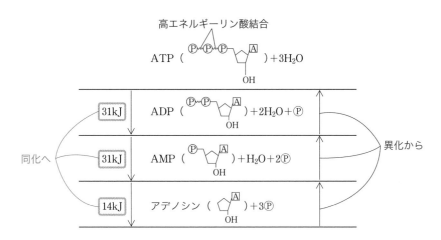

ポイント

核酸（ポリヌクレオチド）

DNA ⇒ 遺伝情報を担う・二重らせん構造（水素結合で保持）
リン酸＋デオキシリボース＋A・G・C・T
A＝T、G≡C は相補的な関係

RNA ⇒ タンパク質の合成を担う
リン酸＋リボース＋A・G・C・U

1 2 3 4 5 6 7

第7章 合成高分子化合物

天然高分子を参考に、人間がつくり出した高分子が合成高分子化合物です。

どのような単量体（モノマー）から、どのような流れで重合体（ポリマー）がつくられるのか、知っておくべきことをきちんと頭に入れていきましょう。

第7章の目標

➡ 代表的な合成高分子のモノマーとポリマーは即答できるようになろう。

➡ 合成過程を押さえよう。

➡ 計算問題の解法をマスターしよう。

§1 合成高分子化合物と重合形式

高分子化合物は、低分子の化合物を多数重合させて合成します。

この低分子の化合物を**単量体（モノマー）**、生成する高分子化合物を**重合体（ポリマー）**といい、重合したモノマーの数を**重合度**といいます。

モノマー(A)　　　　　　　　　　　　　ポリマー($[A]_n$)
n：重合度

高分子化合物の重合形式には次のようなものがあります。

付加重合

モノマーがC=Cをもつ場合、付加を繰り返して重合していきます。これが**付加重合**です。

$$n \; \diagup\!\!\!\diagdown C = C \diagdown\!\!\!\diagup \xrightarrow{\text{付加重合}} \left\{\!\!\begin{array}{c} | \; \; | \\ C - C \\ | \; \; | \end{array}\!\!\right\}_n$$

アルケン(➡第4章§1③(2)②、p.77)で登場したわね。

縮合重合(縮重合)

水などの小さな分子が外れ、縮合しながら重合していくことを**縮合重合(縮重合)**といいます。ポリマーがエステル結合やアミド結合をもつ場合が代表的です。

$$n\,\text{HOOC} \!-\!\boxed{}\!-\! \text{COOH} + n\,\text{H}_2\text{N}\!-\!\boxed{}\!-\!\text{NH}_2$$

$$\xrightarrow{\text{縮合重合}} \left\{\!\!\begin{array}{c} C\!-\!\boxed{}\!-\!C\!-\!N\!-\!\boxed{}\!-\!N \\ \| \qquad\qquad \| \; | \qquad\qquad | \\ O \qquad\qquad O\; H \qquad\qquad H \end{array}\!\!\right\}_n + (2n-1)\text{H}_2\text{O}$$

開環重合

モノマーが環状構造のとき、開環しながら重合していきます。これを**開環重合**といいます。

$$n\,\boxed{}\!\!\begin{array}{c} C = O \\ \nearrow\!\!\!\diagup \\ N - H \end{array} \xrightarrow{\text{開環重合}} \left\{\!\!\begin{array}{c} C\!-\!\boxed{}\!-\!N \\ \| \qquad\qquad | \\ O \qquad\qquad H \end{array}\!\!\right\}_n$$

📖 ポイント

合成高分子化合物（人工的に合成した高分子化合物）

　モノマーの数　⇒　重合度

　重合形式　⇒　付加重合（モノマーにC＝Cあり）

　　　　　　　　縮合重合（ポリマーにエステル結合やアミド結合などあり）

　　　　　　　　開環重合（モノマーが環状構造）

▶§2 合成繊維

　繊維には、天然に存在する**天然繊維**と、人工的に合成する**合成繊維**があります。

　天然繊維は植物由来の綿や麻、動物由来の絹や羊毛があります。植物由来のものは糖類のセルロース（➡第6章§1、p.187）、動物由来のものはタンパク質（➡第6章§3、p.244）で確認しました。

　よって、ここでは合成繊維に注目していきましょう。

①付加重合による合成繊維

(1) アクリル繊維

　アクリロニトリルを付加重合して得られるポリアクリロニトリルを主成分とする合成繊維を、**アクリル繊維**といいます。

　肌触りが羊毛に似ていて、衣料や毛布などに利用されています。

$$n \begin{array}{c} CH_2 = CH \\ | \\ CN \end{array} \xrightarrow{\text{付加重合}} \begin{array}{c} \left[\begin{array}{c} CH_2 - CH \\ | \\ CN \end{array} \right]_n \end{array}$$

アクリロニトリル　　　　　　　ポリアクリロニトリル

　アクリロニトリルに酢酸ビニルやアクリル酸メチルを混ぜて付加重合させる*

ことが多く、アクリロニトリルの含有量が低いものはアクリル系繊維と分類します。

＊モノマーが2種類以上の重合を**共重合**といいます。

(2) ビニロン

日本で開発された木綿に似た繊維が**ビニロン**です。

吸湿性に優れ、強度もあるため、ロープや作業着に利用されています。

ビニロンは合成過程をきちんと理解し、計算問題にも対応できるようになりましょう。

合成過程

$$n \begin{matrix} CH_2 = CH \\ | \\ OCOCH_3 \end{matrix} \xrightarrow[(\text{i})]{\text{付加重合}} \begin{bmatrix} CH_2 - CH - \\ | \\ OCOCH_3 \end{bmatrix}_n$$

酢酸ビニル　　　　　　　　　　　　ポリ酢酸ビニル

$$\xrightarrow[(\text{ii})]{\text{けん化}} \begin{bmatrix} CH_2 - CH \\ | \\ OH \end{bmatrix}_n \xrightarrow[(\text{iii})]{\text{アセタール化}} \cdots - CH_2 - CH - CH_2 - CH - CH_2 - CH - \cdots$$

$$\begin{matrix} | & | & | \\ O - CH_2 - O & & OH \end{matrix}$$

ポリビニルアルコール　　　　　　　　　　　　ビニロン
（PVA）

（ i ）酢酸ビニルを付加重合させ、ポリ酢酸ビニルにします。

酢酸ビニルはどうやって作る？

アセチレンに酢酸付加!!（➡アルキン）

（ ii ）ポリ酢酸ビニルを水酸化ナトリウムを用いてけん化すると、ポリビニルアルコール（PVA）が得られます。

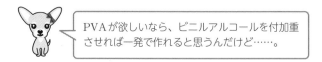

ポリ酢酸ビニル　　　　　　　　　　　　　　PVA

　加水分解を促進させて収率をあげるため、酸触媒による加水分解ではなく、けん化をおこないます（➡第4章§4②、p.117）。

PVAが欲しいなら、ビニルアルコールを付加重させれば一発で作れると思うんだけど……。

ゆうこちゃん、ビニルアルコールはエノールだよ。アセトアルデヒドに変わってるよ。

そっか。だからこんな段階を経てたどり着くしかないのね。

ビニルアルコール　　　　　　　　　　　　　アセトアルデヒド

（iii）PVAにホルムアルデヒドを加えて処理（アセタール化*）すると、ビニロンが得られます。

$$PVA \xrightarrow[\text{-OHの30〜40\%をアセタール化}]{HCHO} \text{ビニロン}$$

　PVAは水溶性です。これを水に溶けない繊維にするため、30〜40％の－OHを無極性アセタール構造に変化させます。

60～70%の−OHは残るため吸湿性に優れています。また、分子間に水素結合を多数形成するため強度もあるのです。

＊アセタール化

$$\cdots -C-C-C-C-C-C- \cdots \quad \xrightarrow{\text{アセタール化}} \quad \cdots -C-C-C-C-C-C- \cdots$$

OH　　OH　　OH　　　　　　　　　　　　O−CH₂−O　　OH

O
‖
H−C−H

アセタール構造　　吸湿性

　上の流れでは、PVAの−OH 2つにつきホルムアルデヒド1分子が脱水縮合し、アセタール構造1つができています。

　正確には、まずC＝O付加（➡第4章§4①(2)③、p.111）が起こり、ヘミアセタール構造ができます。

$$\cdots -C-C-C-C-C-C- \cdots \quad \xrightarrow{\text{付加}} \quad \cdots -C-C-C-C-C-C- \cdots$$

O　　H　　H　　OH　　OH　　　　　　　O−CH₂　　OH　　OH

C

H　　　O

HO

C＝O付加

　そして、脱水縮合が起こります。

$$\cdots -C-C-C-C-C-C- \cdots \quad \xrightarrow{\text{脱水縮合}} \quad \cdots -C-C-C-C-C-C- \cdots$$

O−CH₂　HO　　OH　　　　　　　　　　O−CH₂−O　　OH

OH

　このように、付加と縮合の両方が起こることを付加縮合といいます。

計算

まずは量的関係を確認しましょう。

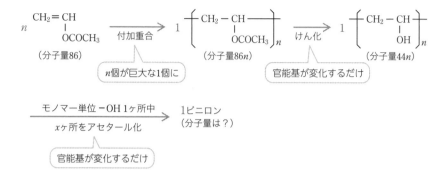

n mol の酢酸ビニルが付加重合により1molのポリ酢酸ビニルに変化してからは、官能基が変化するだけで、量的変化はありません。

よって、

酢酸ビニル：ポリ酢酸ビニル：PVA：ビニロン＝n：1：1：1

という量的関係が成立します。

この量的関係を立式するにあたり、ビニロンの分子量が必要になります。

それでは考えてみましょう。

PVAのモノマー単位（ビニルアルコール）には、1個の−OHがあります。1個中x個の−OHをアセタール化したとき、ビニロンの分子量はxを用いてどう表せるでしょうか。

1個中x個っていう表現にすごく違和感を感じるんだけど。

アセタール化は30〜40％の−OHでおこなうんだったね。だから、xには0.3〜0.4が入るんだよ。
小数や分数でも全く問題ないよ。平均値だから。
アセタール化されるところもあれば、されないところもあって、平均値が0.3〜0.4個になるんだよ。

アセタール化が起こる部分を書き出してみましょう。

$$\cdots - C - C - C - C - \cdots \quad \longrightarrow \quad \cdots - C - C - C - C - \cdots$$

$$\underset{\text{H}-\text{C}-\text{H}}{\underset{\text{O}}{\overset{\text{OH} \qquad \text{OH}}{}}} \qquad\qquad \text{O} - CH_2 - \text{O}$$

アセタール化は、2個の$-$OHが反応して1個のアセタール構造（$-O-CH_2-O-$）が生じます。

$$2 - OH \quad \xrightarrow[\boxed{+12}]{\text{1HCHO}} \quad 1 - O - CH_2 - O -$$

$$\Big\downarrow \text{2で割る}$$

$$1 - OH \quad \xrightarrow[\boxed{+6}]{\frac{1}{2}\text{HCHO}} \quad \frac{1}{2} - O - CH_2 - O -$$

それによりC原子1個分、すなわち12だけモノマー単位の分子量が増加するため、

「1個の$-$OHが反応すると、モノマー単位の分子量が6増加」

すなわち、

「x個の$-$OHが反応すると、モノマー単位の分子量が$6x$だけ増加」

することになります。

PVAのモノマー単位の分子量が44なので、それに$6x$を加えたものがビニロンのモノマー単位の分子量です。

以上より、ビニロンの分子量は

$$\underline{(44+6x)\,n}$$

と表せます。

なんか、セルロースの計算に似てない？

気づいた？　考え方、全く同じなんだよ。(➡第6章§1、p.187)

手を動かして練習してみよう‼

ポリ酢酸ビニル187gを水酸化ナトリウムでけん化し、ポリビニルアルコールを合成した。これを、ホルムアルデヒドを用いてアセタール化したところ、100gのビニロンが得られた。

ポリビニルアルコール中のヒドロキシ基の何％がアセタール化された？

解：

ポリ酢酸ビニル

$$1 \left[\begin{array}{c} CH_2 - CH \\ | \\ OCOCH_3 \end{array} \right]_n \xrightarrow{\text{けん化}} \mathbf{1\ PVA} \xrightarrow[\text{アセタール化}]{\text{1ヶ所中}x\text{ヶ所}} \mathbf{1\ ビニロン}$$

（分子量86n）　　（分子量44n）　　（分子量(44＋6x)n）
187g　　　　　　　　　　　　　　　　　　　100g

ポリビニルアルコールのモノマー単位に−OHが1個あり、そのうちx個がアセタール化されたとすると、ビニロンの分子量は$(44＋6x)n$となる。

量的関係は「ポリ酢酸ビニル：ビニロン ＝1:1」であるため次の式が成立する。

$$\frac{187}{86n} = \frac{100}{(44＋6x)n} \qquad x＝0.331$$

よって、アセタール化された−OHは

$$\frac{0.331}{1} \times 100 = 33.1 \qquad \underline{33\%}$$

30〜40％がアセタール化されるって
知っておくと、正解の確信がもてるね。

そっか。逆に答えが60とか70％だと間違ってると思った方がいいわね。

☞ ポイント

付加重合による合成繊維

・アクリル繊維

・ビニロン

n 酢酸ビニル $\xrightarrow{\text{付加重合}}$ 1 ポリ酢酸ビニル
（分子量86）　　　　　　　　　　　（分子量86n）

$\xrightarrow[\text{けん化}]{\text{NaOH}}$ 1 PVA $\xrightarrow[\text{アセタール化}]{-\text{OH 1ケ所中}x\text{ケ所}}$ 1 ビニロン
　　　　　　（分子量44n）　　　　　　　　　　（分子量$(44+6x)n$）

②縮合重合による合成繊維

(1) ポリアミド系繊維（ナイロン）

モノマー同士が縮合重合によってアミド結合で結びつき、鎖状の重合体が生成します。このように、分子内に多数のアミド結合をもつ高分子を**ポリアミド**（**ナイロン**）といいます。

絹や羊毛などの動物性繊維（タンパク質）をもとに合成された繊維で、分子間に水素結合を形成するため強度が大きく、しわになりにくい性質をもちます。

ナイロン66（6,6-ナイロン）

アジピン酸とヘキサメチレンジアミンの縮合重合によって得られるのがナイロン66（6,6-ナイロン）です。

$n\,$HOOC$-(\text{CH}_2)_4-$COOH $+$ $n\,$H$_2$N$-(\text{CH}_2)_6-$NH$_2$

アジピン酸　　　　　　　　　　ヘキサメチレンジアミン

$$\xrightarrow{\text{縮合重合}} \text{HO}\left[\begin{array}{c}\underset{\parallel}{\text{C}}-(\text{CH}_2)_4-\underset{\parallel}{\text{C}}-\underset{\mid}{\text{N}}-(\text{CH}_2)_6-\underset{\mid}{\text{N}}\\ \text{O}\qquad\qquad\ \text{O}\ \ \text{H}\qquad\qquad\quad\ \text{H}\end{array}\right]_n\text{H} + (2n-1)\text{H}_2\text{O}$$

6,6-ナイロン

注意

モノマーがともにC数6だから『ナイロン6̈6̈』っていうんだよ。
有機化学同様、カルボン酸の名前は覚えるしかないけど、アミンの名前はつくれるよ。
『-CH₂-』を『メチレン基』っていうんだ。
6つのメチレン基をもつジアミンで『ヘキサメチレンジアミン』だね。

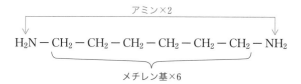

実験室で作るときには反応性の大きいアジピン酸ジクロリドを使うよ。

ナイロン6(6-ナイロン)

ε-カプロラクタムの開環重合によって得られるのがナイロン6(6-ナイロン)です。

$$n\ H_2C\begin{array}{l} CH_2 - CH_2 - C = O \\ CH_2 - CH_2 - N - H \end{array} \xrightarrow[\text{開環重合}]{+H_2O} HO\left[\begin{array}{c} C - (CH_2)_5 - N \\ \parallel \qquad\qquad | \\ O \qquad\qquad H \end{array}\right]_n H$$

ε-カプロラクタム　　　　　　　　　　　　　　　　　6-ナイロン

アミノ酸のαの説明で登場したけど、『ε』は-NH₂の位置、『ラクタム』は環状アミドを表しているよ。
それだけでも名前を作れそうだけど『カプロ』はカプロン酸からきていて、C数6のカルボン酸のことだよ。

アラミド繊維

芳香族のジカルボン酸と芳香族のジアミンを縮合重合させて得られる芳香族のポリアミドを**アラミド繊維**といいます。

ベンゼン環をもつため、丈夫な繊維で防弾チョッキなどに利用されています。

$$n\,\mathrm{Cl}-\underset{\mathrm{O}}{\overset{\|}{\mathrm{C}}}-\!\!\!\bigcirc\!\!\!-\underset{\mathrm{O}}{\overset{\|}{\mathrm{C}}}-\mathrm{Cl} + n\,\mathrm{H_2N}-\!\!\!\bigcirc\!\!\!-\mathrm{NH_2}$$

テレフタル酸ジクロリド　　　　　p-フェニレンジアミン

$$\xrightarrow{縮合重合} \mathrm{Cl}\!\left\{\!\underset{\mathrm{O}}{\overset{\|}{\mathrm{C}}}-\!\!\bigcirc\!\!-\underset{\mathrm{O}}{\overset{\|}{\mathrm{C}}}-\underset{\mathrm{H}}{\overset{|}{\mathrm{N}}}-\!\!\bigcirc\!\!-\underset{\mathrm{H}}{\overset{|}{\mathrm{N}}}\!\right\}_{\!n}\!\!\mathrm{H} + (2n-1)\mathrm{HCl}$$

ケブラー

(2) ポリエステル系繊維

モノマー同士が縮合重合によってエステル結合で結びつき、鎖状の重合体が生成します。このように、分子内に多数のエステル結合をもつ高分子を**ポリエステル**といいます。

吸湿性が小さいため、乾きが早く型崩れしにくく、衣料に用いられている合成繊維です。

ポリエチレンテレフタラート (PET)

テレフタル酸とエチレングリコールの縮合重合によって得られます。

$$n\,\mathrm{HOOC}-\!\!\!\bigcirc\!\!\!-\mathrm{COOH} + n\,\mathrm{HO}-(\mathrm{CH_2})_2-\mathrm{OH}$$

テレフタル酸　　　　　　　エチレングリコール

$$\xrightarrow{縮合重合} \mathrm{HO}\!\left\{\!\underset{\mathrm{O}}{\overset{\|}{\mathrm{C}}}-\!\!\bigcirc\!\!-\underset{\mathrm{O}}{\overset{\|}{\mathrm{C}}}-\mathrm{O}-(\mathrm{CH_2})_2-\mathrm{O}\!\right\}_{\!n}\!\!\mathrm{H} + (2n-1)\mathrm{H_2O}$$

PET

実際には、テレフタル酸とエチレングリコールは反応しにくいため、テレフタル酸ジメチルを使用するよ。『エステル交換反応』っていうんだ。

交換　　　　　　　　　　　　　　交換

$$HO-(CH_2)_2-OH \quad CH_3-O-\underset{O}{\overset{\overset{\parallel}{C}}{}}-\bigcirc-\underset{O}{\overset{\overset{\parallel}{C}}{}}-O-CH_3 \quad HO-(CH_2)_2-OH$$

テレフタル酸ジメチル

$$\longrightarrow \quad CH_3-OH \;+\; HO-(CH_2)_2-O-\underset{O}{\overset{\overset{\parallel}{C}}{}}-\bigcirc-\underset{O}{\overset{\overset{\parallel}{C}}{}}-O-(CH_2)_2-OH \;+\; HO-CH_3$$

これを精製して取り出し、エステル交換反応で重合させていく

☞ ポイント

縮合重合による合成繊維
- ・ポリアミド（ナイロン）　⇒　ナイロン66、ナイロン6、
アラミド繊維
- ・ポリエステル　⇒　ポリエチレンテレフタラート（PET）

モノマーとポリマーを即答できるようになっておきましょう。

▶§3　合成樹脂（プラスチック）

　合成高分子化合物の中で、繊維とゴムを除いたものが合成樹脂（プラスチック）です。

　熱に対する性質で2つに大別できます。

熱可塑性樹脂

加熱によりやわらかくなる性質をもつ樹脂を**熱可塑性樹脂**といいます。

モノマーが結合部位を2ヶ所しかもたないとき、ポリマーは鎖状になります。基本的に鎖状の樹脂は熱可塑性です。

熱硬化性樹脂

加熱により硬くなる性質をもつ樹脂を**熱硬化性樹脂**といいます。

モノマーが結合部位を3ヶ所以上もつとき、ポリマーは網目状になります。基本的に網目状の樹脂は熱硬化性です。

> 加熱すると熱運動で動いてやわらかくなるのかなってイメージできるけど、加熱して硬くなるってイメージしにくいわ。

> モノマーが結合部位を3ヶ所以上もつときは、立体網目状高分子で動きが束縛されるのと、加熱により、重合していなかった部位の重合も進むことで硬くなるんだよ。

①付加重合による合成樹脂

基本的にモノマーに$C=C$が存在します。鎖状高分子になるため熱可塑性です。

(1) ビニル系

ビニル基をもつモノマーを付加重合させてつくる合成高分子化合物です。

$$n \quad \begin{matrix} H \\ \diagup \\ C=C \\ \diagdown \\ H \end{matrix}\begin{matrix} H \\ \diagdown \\ \\ \diagup \\ X \end{matrix} \quad \xrightarrow{\text{付加重合}} \quad \left[\begin{matrix} H & H \\ | & | \\ C - C \\ | & | \\ H & X \end{matrix}\right]_n$$

名称	単量体	用途・性質・その他
ポリエチレン (PE)	エチレン $CH_2 = CH_2$	袋、容器、フィルム、電気絶縁物など
ポリプロピレン (PP)	プロペン (プロピレン) $CH_2 = CH - CH_3$	
ポリ塩化ビニル (PVC) (塩化ビニル樹脂)	塩化ビニル $CH_2 = CHCl$	シート、管、板など
ポリ酢酸ビニル (酢酸ビニル樹脂)	酢酸ビニル $CH_2 = CH - OCOCH_3$	塗料、接着剤、ビニロンの原料など
ポリスチレン (PS) (スチロール樹脂)	スチレン $H_2C = CH -$〈ベンゼン環〉	透明容器、日用品、断熱材（発泡ポリスチレン）など

(2) ビニリデン系

ビニル基の水素H原子をもう1つ、違う原子や原子団で置き換えたモノマーを付加重合させてつくる合成高分子化合物です。

$$n \; {}^{H}_{H}\!\!>\!\!C = C\!\!<\!\!{}^{X}_{Y} \xrightarrow{\text{付加重合}} \left[\begin{array}{cc} H & X \\ | & | \\ C & - C \\ | & | \\ H & Y \end{array} \right]_n$$

名称	単量体	用途・性質・その他
塩化ビニリデン樹脂 (PVDC)	塩化ビニリデン $CH_2 = CCl_2$	包装材料、食品用ラップなど 耐摩耗性・耐薬品・難燃性に優れる
メタクリル樹脂 (アクリル樹脂)	メタクリル酸メチル （重合体はPMMA） $H_2C = C\!\!<\!\!{}^{CH_3}_{COOCH_3}$	風防ガラス、プラスチックレンズなど PMMAは有機ガラスともいわれる

(3) フッ素樹脂 (テフロン)

テトラフルオロエチレンなどを付加重合させてつくる合成高分子化合物です。

名称	単量体	用途・性質・その他
フッ素樹脂 (テフロン)	テトラフルオロエチレン $CF_2 = CF_2$ クロロトリフルオロエチレン $CClF = CF_2$など	電気絶縁材料、フライパンの表面加工剤など耐燃性・耐薬品性・電気絶縁性に優れる

ポイント

付加重合による合成樹脂
- ビニル系
- ビニリデン系
- フッ素樹脂 (テフロン)

②縮合重合による合成樹脂

縮合重合によって合成する樹脂は、立体網目状高分子で熱硬化性のものが多いです。

(1) フェノール樹脂

酸または塩基触媒を用いてフェノールとホルムアルデヒドを加熱すると、縮合重合により**フェノール樹脂**が得られます。

フェノール樹脂

▼ 酸触媒のとき

直鎖状の中間体（**ノボラック**）が生じます。ノボラックは直鎖状で熱可塑性のため、立体網目状高分子にするため、硬化剤を加える必要があります。

▼ 塩基触媒のとき

ノボラックより小さい網目状の中間体（**レゾール**）が生じます。レゾールは網目状で熱硬化性のため、加熱するだけで高分子にすることができます。

フェノール樹脂は最初に実用化された合成樹脂です。電気絶縁性に優れ、電気部品等に利用されています。

酸触媒と塩基触媒で中間体が変わるのはなぜ？

フェノール樹脂ができる過程とゆっくり向き合ってみようね。
まず、フェノールはC＝O付加が起こりにくいっていうのは覚えてる？

うん。電子供与性で、非共有電子対がベンゼンの方
にパタパタでしょ？（➡第5章§2(2)⑤、p.141）

そそ。同じ理由でHCHOと反応するのは−OHじゃないんだ。
HCHOには極性があって、まるで非金属の陽イオンだよね。

わかった！　置換反応ね？　しかもフェノール
だからオルト位とパラ位ね？

そのとおり。このあと、脱水が起こって重合
していくんだ。これが本当の反応過程。

置換のあと、酸触媒が H$^+$ を投げつけてくるから、次のように他のフェノールとつながっていくんだ。

他のフェノールのオルトかパラ位狙うぜー

H_2O

塩基触媒があると、フェノールは電離してフェノキシドイオンになるからオルト・パラ配向性が強くなって、HCHO の置換がどんどん進行するよ。

塩基があると電離しちゃう。e$^-$ 全部自分のものだから、どんどん供与するよ

HCHO

HCHO

HCHO

(2) アミノ樹脂

　アミノ基 $-NH_2$ を 2 つ以上もつ化合物とホルムアルデヒド HCHO から合成される樹脂です。

尿素樹脂

尿素とHCHOから合成される立体網目状高分子で、熱硬化性樹脂です。着色性に優れ、合板接着剤などに利用されています。

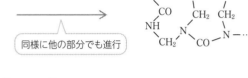

尿素

> 同様に他の部分でも進行

> 原動力はC=O付加からの脱水縮合だよ。だから正確には付加縮合だね。

メラミン樹脂

メラミンとHCHOから合成される立体網目状高分子で、熱硬化性樹脂です。耐熱性、耐薬品性に優れ、各種形成品や接着剤などに利用されています。

メラミン

原動力は尿素樹脂とまったく同じだよ。

(3) アルキド樹脂

多価のカルボン酸と多価のアルコールの縮合重合によりえられるポリエステル樹脂です。

無水フタル酸とグリセリンをモノマーとするアルキド樹脂が代表例で、自動車の塗装などに利用されています。

(4) シリコーン樹脂

Si−O−Si を繰り返してできる高分子を総称してシリコーンといいます。樹脂状のものをシリコーン樹脂、ゴム状のものはシリコーンゴムとよんでいきます。

シリコーン樹脂は耐熱性、耐水性、電気絶縁性に優れています。

$$\begin{array}{c} CH_3 \\ | \\ Cl-Si-Cl \text{ などを加水分解} \longrightarrow \\ | \\ CH_3 \end{array} \quad \cdots -\underset{\underset{\vdots}{O}}{\overset{\overset{CH_3}{|}}{Si}}-O-\underset{\underset{\vdots}{CH_3}}{\overset{\overset{CH_3}{|}}{Si}}-O-\underset{\underset{\vdots}{O}}{\overset{\overset{CH_3}{|}}{Si}}-O-\cdots$$

[ポイント]

縮合重合による合成樹脂

　・フェノール樹脂、尿素樹脂、メラミン樹脂、アルキド樹脂、
　シリコーン樹脂

§4 ゴム

　天然に存在しているゴムを天然ゴム（生ゴム）、人工的に合成されたものを合成ゴムといいます。

　どのようなものがあるのか頭に入れた上で、計算問題にも対応できるようになりましょう。

(1) ジエン系

　ジエンの付加重合によって得られるのがジエン系ゴムです。

$$n \underset{1}{CH_2} = \underset{2}{\underset{|}{C}} - \underset{3}{CH} = \underset{4}{CH_2} \xrightarrow[\text{1,4付加}]{\text{付加重合}} \left\{ CH_2 - \underset{|}{C} = CH - CH_2 \right\}_n$$
$$X \qquad\qquad\qquad\qquad X$$

$$-X \begin{cases} -CH_3 & \longrightarrow \text{ポリイソプレン(天然ゴム)} \\ -H & \longrightarrow \text{ポリブタジエン(接着剤)} \\ -Cl & \longrightarrow \text{ポリクロロプレン(機械部品)} \end{cases}$$

　ジエンの付加は1,4付加が最も起こりやすい（→第5章§1、p.119）ため、生成するゴムにはシス型とトランス型が存在します。

$$n \; \overset{1}{CH_2} = \overset{2}{C} - \overset{3}{CH} = \overset{4}{CH_2} \quad \xrightarrow{\text{1,4付加}} \quad \left[CH_2 - C = CH - CH_2 \right]_n$$

（X は 2 の炭素に結合）

シス型 　　　　　　　 トランス型

1,2付加や3,4付加だとどうなるの？

手を動かして書いてごらん。1,2付加や3,4付加はただのアルケンの付加重合と同じだよ。

$$n \; \overset{1}{CH_2} = \overset{2}{C} - \overset{3}{CH} = \overset{4}{CH_2} \quad \xrightarrow{\text{1,2付加}} \quad \left[CH_2 - \underset{\underset{3 \quad 4}{CH = CH_2}}{\overset{\overset{X}{|}}{C}} \right]_n$$

$$n \; \overset{1}{CH_2} = \overset{2}{C} - \overset{3}{CH} = \overset{4}{CH_2} \quad \xrightarrow{\text{3,4付加}} \quad \left[\begin{array}{c} CH - CH_2 \\ | \\ \underset{1 \quad 2}{CX = CH_2} \end{array} \right]_n$$

天然ゴムのほとんどはシス型のポリイソプレンで、みなさんにとって馴染みのある「伸びたり縮んだりする（弾性をもつ）」ゴムです。

波うってる

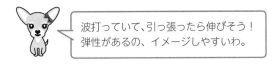

波打っていて、引っ張ったら伸びそう！
弾性があるの、イメージしやすいわ。

それに対して、トランス型のポリイソプレンは**グッタペルカ**といわれる硬い樹脂です。

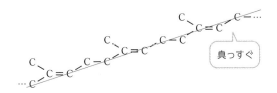

臭っすぐ

トランス型は分子鎖がまっすぐで、分子同士が接近しやすそうだね。分子間力が強く働くから硬い樹脂だよ。

加硫

天然ゴムは分子の対称性が低く、結晶化しにくいため、弾性が弱く耐久性も不十分です。

そこで、3〜5%の硫黄を加えて加熱し、架橋構造を作ることより、弾性や強度の増したゴムにします。この操作を**加硫**といい、加硫をおこなったゴムを**加硫ゴム**といいます。

みなさんが目にしているのはすべて、加硫ゴムです。

$$-C=C- \quad \xrightarrow[加熱]{S} \quad \begin{array}{c} | \\ -C-C- \\ | \\ S \\ | \\ -C-C- \\ | \end{array} \quad 架橋構造$$

$$-C=C-$$

硫黄の割合を30〜40%にすると架橋構造が過剰になり、弾性のない硬い樹脂になります。これを**エボナイト**といいます。

(2) 共重合系

　合成ゴムには、ブタジエンの他にビニル系化合物を混ぜ合わせて重合をおこなうものがあります。

　モノマーが2種なので**共重合**です。

スチレンブタジエンゴム（SBR）

　ブタジエンとスチレンを共重合させて得られるのが**スチレンブタジエンゴム（SBR）**です。

　ベンゼン環が入ることで強度が大きいゴムになります。

　スチレンの割合を25％程度にしたものは自動車のタイヤとして多く用いられています。

ブタジエンとスチレンの割合は一定じゃないの？

そう。作りたいゴムによってスチレンの割合を調整するんだ。もっとスチレンを増やすと弾性が減って強度が増すよ。

▼ 計算問題のポイント

　スチレンブタジエンゴム（SBR）では、付加に関する計算問題が多く出題されます。

　SBRの分子中に存在するC=Cは、ブタジエンの1,4付加によって生じるものです。

$$C=C-C=C \quad + \quad C=C \quad \xrightarrow{\text{共重合}} \quad -C-C=C-C-C-C-$$

（ベンゼン環図）

C＝Cはブタジエン由来

　よって、SBR 1分子に含まれるC＝C数は重合したブタジエンの数と一致するため、

**　　SBR mol：（付加するH₂やBr₂）mol＝1：ブタジエンの数**

という立式をすることになります。

手を動かして練習してみよう!!

　ブタジエン（分子量54）とスチレン（分子量104）を物質量比4：1で共重合させ、スチレンブタジエンゴムを合成した。得られたスチレンブタジエンゴム128gに付加する臭素（分子量160）は最大で何g？（有効数字3桁）

解：ブタジエンとスチレンの物質量比が4：1であるため、ブタジエンを $4n$ mol、スチレンを n mol使用したと考えられるが、比にすると n は消えるためブタジエン4mol、スチレン1molとして立式していく。

$$4\ CH_2=CH-CH=CH_2 \quad + \quad 1\ C=C \quad \xrightarrow[\text{付加}]{\text{共重合}} \quad 1\ SBR \qquad 4\ Br_2$$

　　　　（分子量54）　　　　　　　　（分子量104）　　　　　　　C＝C ×4　　（分子量160）

　　　　　　　　　　　　　　　　　　　　　　　　　　　　　　　128g　　　　　x g

　ブタジエン4molとスチレン1molの共重合により、SBR1molが得られる。このSBRの分子量は

$$54×4+104×1＝\underline{320}$$

であり、含まれるC＝Cは4mol（ブタジエンのmolと一致）なので、臭素 Br_2 は4mol付加する。

　以上より、SBR：Br_2＝1：4の関係が成立するため、付加する Br_2 の質

量をxgとすると次のようになる。

$$\frac{128}{320} \times 4 = \frac{x}{160} \qquad x = \underline{256g}$$

ブタジエンとアクリロニトリルを共重合させて得られるのが**アクリロニトリルブタジエンゴム（NBR）**です。

$$X \ CH_2 = CH - CH = CH_2 \quad + \quad Y \ CH_2 = CH$$
$$|$$
$$CN$$

　　　　　　ブタジエン　　　　　　　　　　アクリロニトリル

$\xrightarrow{\text{共重合}}$ $\cdots - CH_2 - CH = CH - CH_2 - CH_2 - CH - \cdots$
$$|$$
$$CN$$

$\underbrace{\hspace{4cm}}$ ブタジエン由来　　　　$\underbrace{\hspace{2cm}}$
　　　　　　　　　　　　　　　　　　　　　　アクリロニトリル由来

NBR

シアノ基$-\overset{\delta+}{C} \equiv \overset{\delta-}{N}$には極性があるため、アクリロニトリルを導入すると極性をもつゴムになります。

極性物質は無極性物質と馴染みにくいため、石油などの無極性物質への耐性が強いのが特徴です。

石油ホースなどに利用されています。

▼ 計算問題のポイント

アクリロニトリルブタジエンゴム（NBR）では、窒素N原子の含有率の問題がよく出題されます。

NBRにはアクリロニトリル由来のN原子が存在します。アクリロニトリル1分子中にN原子1個が存在するため、

**　　NBR中のN原子のmol＝アクリロニトリルのmol**

が成立します。

手を動かして練習してみよう‼

　ブタジエン（分子量54）とアクリロニトリル（分子量53）の共重合で得られたアクリロニトリルブタジエンゴムの窒素（原子量14）の質量パーセントが11.8%であった。

　共重合に用いたブタジエンの物質量は、アクリロニトリルの物質量の何倍？（有効数字2桁）

解：ブタジエンとアクリロニトリルの物質量比を $x : 1$ とすると、ブタジエンを nx mol、アクリロニトリルを n mol 使用したと考えられるが、比にすると n は消えるためブタジエン x mol、アクリロニトリル 1mol として立式していく。

$$x \, CH_2 = CH - CH = CH_2 \quad + \quad 1 \, CH_2 = CH \xrightarrow{\text{共重合}} 1 \, NBR$$

（分子量54）　　　　　　　　　　　　　　｜　　　　　　　（1N原子）
　　　　　　　　　　　　　　　　　　　CN　　　　　　　　↓
　　　　　　　　　　　　　　　（分子量53）　　　　　　　11.8%

　ブタジエン x mol とアクリロニトリル 1mol の共重合により、NBR 1mol が得られる。このNBRの分子量は

$$54 \times x + 53 \times 1 = \underline{54x + 53}$$

であり、含まれるN原子は1mol（アクリロニトリルのmolと一致）なので、N含有率について次の式が成立する。

$$\frac{14}{54x + 53} = \frac{11.8}{100} \qquad \underline{x = 1.21} \qquad \underline{1.2倍}$$

ポイント

ゴム
- ・ジエン系（ジエンの1,4付加重合）　弾性をもつのはシス型
   天然ゴム　⇒　ポリイソプレン
   　　　　　　　加硫したものを加硫ゴム
   合成ゴム　⇒　ポリクロロプレン・ポリブタジエン
- ・共重合系（ブタジエンとビニル化合物の共重合）
   合成ゴム　⇒　スチレンブタジエンゴム（SBR）・アクリロ
   　　　　　　　ニトリルブタジエンゴム（NBR）
   　　　　　　　計算のポイントを押さえておきましょう

---

§5 | 機能性高分子化合物

　高分子化合物の物理的・化学的な機能を有効に利用しているものが機能性高分子化合物です。

(1) イオン交換樹脂

　樹脂に電解質水溶液を流し込むと、樹脂のイオンと水溶液中の同符号のイオンが入れ替わります。このような機能をもった合成樹脂を**イオン交換樹脂**といいます。

　スチレンとp-**ジビニルベンゼン（約10%）**を共重合させると、ベンゼン環をもつ網目状高分子が得られます。
　この高分子のベンゼン環に、置換反応で官能基−X（具体的な−Xは以下）を導入するとイオン交換樹脂です。

p-ジビニルベンゼン由来

$HC = CH_2$

スチレン

$+$

$HC = CH_2$

$HC = CH_2$

p-ジビニルベンゼン
（約10%）

共重合 →

$-C-C-\ \ C-C-\ \ C-C-C-C-$

$-C-C-\ \ C-C-\ \ C-C-C-C-$

p-ジビニルベンゼンで
枝分かれを作ってるよ

X置換 →

$-C-C-\ \ C-C-\ \ C-C-C-C-$

X   X   X

$-C-C-\ \ C-C-\ \ C-C-C-C-$

X   X   X

イオン交換樹脂

　p-ジビニルベンゼンは、架橋構造にするために加えています。p-ジビニルベンゼンにより、枝分かれが生じているのがわかりますね。

陽イオン交換樹脂　$-X$　$\Rightarrow$　$-SO_3H$・$-COOH$

　陽イオン交換樹脂（$R-SO_3H$とします）に電解質水溶液（例えば塩化ナトリウム NaCl水溶液）を流し込むと、陽イオン交換樹脂のH^+と水溶液の陽イオン（Na^+）が交換され、塩酸が流出してきます。

　　$R-SO_3H + NaCl \ \rightleftarrows\ R-SO_3Na + HCl$

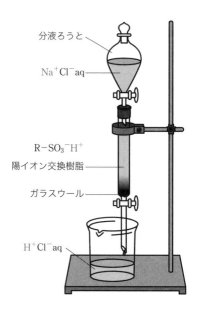

分液ろうと

Na^+Cl^-aq

$R-SO_3^-H^+$
陽イオン交換樹脂

ガラスウール

H^+Cl^-aq

　この反応は可逆であるため、使用後のイオン交換樹脂に希塩酸などを流し込むと元の状態に再生することができます。

陰イオン交換樹脂 $-X$ ⇒ $-CH_2-N^+(CH_3)_3OH^-$

　陰イオン交換樹脂（$R-CH_2-N^+(CH_3)_3OH^-$ とします）に電解質水溶液（例えば塩化ナトリウム NaCl 水溶液）を流し込むと、陰イオン交換樹脂の OH^- と水溶液の陰イオン（Cl^-）が交換され、水酸化ナトリウム水溶液が流出してきます。

$$R-CH_2-N^+(CH_3)_3OH^- + NaCl$$
$$\rightleftarrows R-CH_2-N^+(CH_3)_3Cl^- + NaOH$$

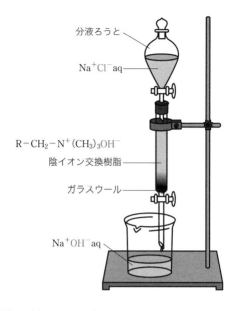

分液ろうと

Na⁺Cl⁻aq

R−CH₂−N⁺(CH₃)₃OH⁻

陰イオン交換樹脂

ガラスウール

Na⁺OH⁻aq

　陽イオン交換樹脂同様、この反応は可逆であるため、使用後のイオン交換樹脂に水酸化ナトリウム水溶液などを流し込むと、元の状態に再生することができます。

陰イオン交換樹脂の官能基、覚えるの？

圧倒的に陽イオン交換樹脂が出題されやすいから、優先順位は高くないと思うな。
でも、全く出題がないわけじゃないからね。
僕は何度か書いてたら自然に覚えたよ。

イオン交換樹脂の利用

イオン交換樹脂は次のようなものに利用されています。

・純水の製造

水道水を陽イオン交換樹脂と陰イオン交換樹脂に通じると、水道水中の陽イオンはH^+に、陰イオンはOH^-に換わるため、純水が得られます。このような純水を脱イオン水といいます。

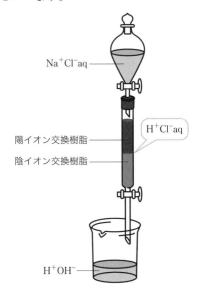

Na$^+$Cl$^-$aq

H$^+$Cl$^-$aq

陽イオン交換樹脂

陰イオン交換樹脂

H$^+$OH$^-$

・その他

アミノ酸の分離（➡第6章§3①(6)、p.255）、廃水などに含まれる有害金属イオンの処理など、イオン交換樹脂の利用は多岐にわたります。

手を動かして練習してみよう!!

濃度がわからない塩化ナトリウム水溶液20mLを、陽イオン交換樹脂に通じ、蒸留水で完全に洗浄した。それらすべての流出液を0.010mol/Lの水酸化ナトリウム水溶液で滴定したところ、中和点までに30mLを要した。この塩化ナトリウム水溶液のモル濃度は何mol/L？

解：塩化ナトリウム NaCl 水溶液のモル濃度を x mol/L とすると、陽イオン交換樹脂に通じた NaCl の物質量は

$$x \times \frac{20}{1000} = \frac{20}{1000} x \text{ mol}$$

となる。

通じた NaCl mol ＝ 交換される Na^+ mol ＝ 流出する H^+ mol

が成立する。

よって、$\frac{20}{1000} x$ mol の H^+ を中和するために必要な 0.010mol/L 水酸化ナトリウム NaOH 水溶液が 30mL だったことになる。

中和点での量的関係（H^+ mol ＝ OH^- mol）より、次のように立式できる。

$$\frac{20}{1000} x = 0.010 \times \frac{30}{1000} \qquad x = \underline{\underline{0.015\text{mol/L}}}$$

(2) 生分解性高分子

一般に、自然界で微生物などによって分解される高分子を**生分解性高分子**といいます。

代表的な生分解性高分子の1つにポリ乳酸があります。

トウモロコシやジャガイモに含まれるデンプンなどの植物由来の高分子です。

乳酸の縮合重合は進行しにくいため、通常、乳酸2分子からなる環状エステルを開環重合させて合成します。

$$
\begin{array}{c}
H \\
| \\
HOOC - C - OH \quad \text{乳酸} \\
| \\
CH_3
\end{array}
$$

乳酸の環状エステル（ラクチド） $\xrightarrow{\text{開環重合}}$ ポリ乳酸

また、乳酸とグリコール酸の共重合によって得られる高分子は、生体に対する適合性が高く、酵素の働きにより分解されて体外に排出されるため、抜糸の必要がない手術用の縫合糸などに利用されています。

$$n\ HOOC-\underset{\underset{CH_3}{|}}{\overset{\overset{H}{|}}{C}}-OH\ +\ n\ HOOC-\underset{\underset{H}{|}}{\overset{\overset{H}{|}}{C}}-OH\ \longrightarrow\ \left[\overset{\overset{O}{\|}}{C}-\underset{\underset{CH_3}{|}}{\overset{\overset{H}{|}}{C}}-O-\overset{\overset{O}{\|}}{C}-\underset{\underset{H}{|}}{\overset{\overset{H}{|}}{C}}-O\right]_n$$

乳酸　　　　　　　　グリコール酸

(3) 高吸水性高分子

　アクリル酸ナトリウム $CH_2=CHCOONa$ を重合させた高分子であるポリアクリル酸ナトリウムは多量の水を吸収し、高吸水性高分子といわれます。
　紙オムツや土壌の保水剤として利用されています。

$$n\ CH_2=\underset{\underset{COONa}{|}}{CH}\ \longrightarrow\ \left[CH_2-\underset{\underset{COONa}{|}}{CH}\right]_n$$

アクリル酸ナトリウム　　　　　　　ポリアクリル酸ナトリウム

　水が加わると$-COONa$が電離して$-COO^-$になります。$-COO^-$同士は電気的に反発するため、樹脂が膨張し、その隙間に水が入り込みます。また、樹脂の外側に比べ内側はイオン濃度が高いため、浸透圧により水が吸収されていくのです。

$$\cdots-\underset{\underset{COO^-}{|}}{C}-\underset{\underset{COO^-}{|}}{C}-\cdots$$

H_2O　→　反発により膨張

(4) 感光性高分子

　ポリビニルアルコール（⇒§2①(2)、p.291）の$-OH$にケイ皮酸 $C_6H_5CH=CHCOOH$ をエステル結合させた高分子は、紫外線を当てるとケイ

皮酸のC=C同士が環状構造を作り、立体網目状に変化します。このような樹脂を感光性樹脂といいます。

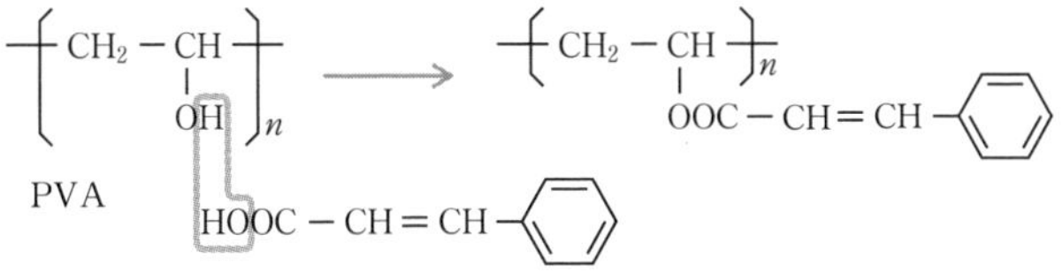

PVA
ケイ皮酸

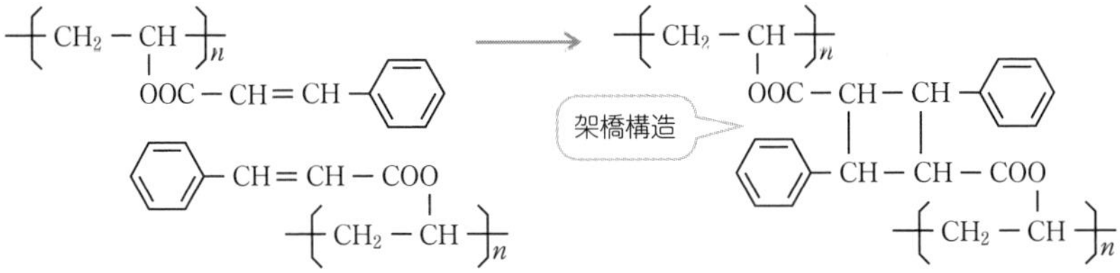

架橋構造

紫外線が当たり立体網目状となった部分のみ、溶媒に溶けにくくなるため、溶媒で洗ったときに凸版になります。

プリント配線や印刷などに利用されています。

(5) 導電性高分子

アセチレンを特殊な触媒を用いて重合させると、ポリアセチレンが得られます。

$$n\,H-C\equiv C-H \xrightarrow[\text{触媒}]{\text{付加重合}} \left(\!CH=CH\!\right)_n$$

アセチレン　　　　　　　　　　ポリアセチレン

ポリアセチレンはベンゼンのように、単結合をはさんだ二重結合（共役二重結合➡第5章§1、p.119）をもちます。

これによりπ結合は広い空間を動き回ることができ、電導性を示します。導電性をもつ高分子を導電性高分子といいます。

$$-C=C-C=C-C=C-$$

全て共役!!

共役二重結合って、何度も登場したからよく理解したわ。

きちんと押さえておくと、いろんなところでつながるよね。ちなみに、実際にはポリアセチレンにヨウ素I_2などを添加して電導性を高めてるんだよ。

///////////////////////
🔖 ポイント

機能性高分子化合物

・**イオン交換樹脂**

　スチレンとp-ジビニルベンゼンからなる共重合体のベンゼンをX置換

　X：$-SO_3H$・$-COOH$　⇒　陽イオン交換樹脂

　　：$-CH_2-N^+(CH_3)_3OH^-$　⇒　陰イオン交換樹脂

・**生分解性高分子**　　ポリ乳酸など

・**高吸水性高分子・感光性高分子・導電性高分子**

索引

325

327

著者プロフィール

坂田 薫 [さかた かおる]

スタディサプリや大手予備校で長年講師とし
て教鞭をとる。その風貌と、他を圧倒するわ
かりやすさで、生徒からの人気も非常に高い。

● ブックデザイン：小川 純（オガワデザイン）
● 本文デザイン・DTP：BUCH+
● 編集協力：小山拓輝

【改訂新版】坂田薫のスタンダード化学
－有機化学編

2017 年 9 月 5 日　初　版　第 1 刷発行
2024 年 5 月 17 日　第 2 版　第 1 刷発行

著　　者　坂田 薫
発 行 者　片岡 巌
発 行 所　株式会社技術評論社
　　　　　東京都新宿区市谷左内町 21-13
　　　　　電話　03-3513-6150　販売促進部
　　　　　　　　03-3267-2270　書籍編集部
印刷／製本　昭和情報プロセス株式会社

定価はカバーに表示してあります。

本の一部または全部を著作権の定める範囲を超え、無断で複写、複製、転載、
テープ化、あるいはファイルに落とすことを禁じます。

ISBN978-4-297-14150-9 C7043
Printed in Japan

● 本書に関する最新情報は、技術評
論社ホームページ（https://gihyo.
jp/book/）をご覧ください。

● 本書へのご意見、ご感想は、技術
評論社ホームページ（https://
gihyo.jp/book/）または以下の
宛先へ書面にてお受けしておりま
す。電話でのお問い合わせにはお
答えいたしかねますので、あらか
じめご了承ください。

〒 162-0846
東京都新宿区市谷左内町 21-13
株式会社技術評論社書籍編集部
『坂田薫のスタンダード化学
有機化学編』係
FAX 番号　03-3267-2271